# 海上溢油应急技术与策略

杨东樟　尹建国　吴　亮　著

中国海洋大学出版社
·青岛·

**图书在版编目（CIP）数据**

海上溢油应急技术与策略 / 杨东棹，尹建国，吴亮
著 . -- 青岛：中国海洋大学出版社，2023. 6
ISBN 978-7-5670-3520-1

Ⅰ . ①海… Ⅱ . ①杨… ②尹… ③吴… Ⅲ . ①海上溢
油－环境污染事故－应急对策－研究 Ⅳ . ① X550. 7

中国国家版本馆 CIP 数据核字（2023）第 094209 号

海上溢油应急技术与策略
**HAISHANG YIYOU YINGJI JISHU YU CELÜE**

| | |
|---|---|
| **出版发行** | 中国海洋大学出版社 |
| **社　　址** | 青岛市香港东路 23 号　　　　邮政编码　266071 |
| **出 版 人** | 刘文菁 |
| **网　　址** | http://pub.ouc.edu.cn |
| **订购电话** | 0532－82032573（传真） |
| **责任编辑** | 邹伟真　刘　琳　　　　　电　　话　0532－85902533 |
| **印　　制** | 青岛名扬数码印刷有限责任公司 |
| **版　　次** | 2023 年 6 月第 1 版 |
| **印　　次** | 2023 年 6 月第 1 次印刷 |
| **成品尺寸** | 170 mm ×240 mm |
| **印　　张** | 13. 25 |
| **字　　数** | 222 千 |
| **印　　数** | 1 ～ 1000 |
| **定　　价** | 98. 00 元 |

发现印装质量问题，请致电 13792806519，由印刷厂负责调换。

## —— 本书其他贡献人员 ——

明学江　郭恩玥　霍　然　龙飞汉

周苏东　赵　兴　孙寿伟

# 序
## PREFACE

海上溢油污染防治是一个世界性的难题,特别是随着公众环保意识的不断提高,各国政府对于海洋环境保护日益重视,一旦出现海上溢油事故,如何快速有效地在复杂海况下将溢油的影响降至最低是大家面临的共同困难。

溢油的来源各有不同,最常见的有大型油轮运输过程中的海上交通事故,如1967年"托利卡尼瓮"(Torrey Canyon)号事故、1989年"瓦尔迪兹"(Exxon Valdez)号事故,以及2021年在青岛发生的"交响乐"船舶相撞事故;也有海洋石油勘探开发过程中井喷失控引发的溢油事故,如2010年墨西哥湾"深水地平线"钻井事故等,都是人类历史上的惨痛教训,给自然环境、社会环境造成了巨大的负面影响。随着人类认知水平的提高、装备技术能力的进步,从1967年应急处置几乎没有有效控制手段发展到现在,已经建立起相对完备的海上溢油应急响应体系。我国近年来高度重视海上溢油污染防治,在大型溢油管理上形成了以交通运输部牵头的部际联席会议机制,技术上在监视监测、海上围控与回收、消油与吸附等各环节均有突飞猛进的发展,特别是基于卫星、航空器的海面溢油监测技术,基于风场、水动力场的溢油漂移预测技术,以及围油栏与收油机的国产化等,溢油应急技术与装备同发达国家的差距正变得越来越小。

然而,相对庞大的工业行业规模,溢油应急是一个小众领域,涉及的机构、企业并不算多,虽然相关政府主管部门及企业在各自的管辖范围内都有一定的经验,但并未形成系统性指南。现有指导书籍也更多关注于设备的技术参数与数量级别,鲜有对整个海上溢油应急响应做出系统总结的资料,缺少一本指导海上溢油应急响应实际操作的专业书籍,对于遇到海上应急响应时如何进行预警、如何合理高效组织和调派资源、在现场如何实施作业等没有给出有效的建议。

该书恰恰在一定程度上解决了上述问题，作者首先对海上石油工业的特点进行了概述；而后针对世界范围内和中国范围内发生的典型溢油事故以及应急响应进行了分析；最后作为应急管理人员，作者结合自身经验，对事故处置流程、方法进行了总结。该书是第一次根据事故发展的逻辑，以目标为导向，提出应急响应的标准化流程，包括应急管理体系的建立、应急目标的制定、根据实际情况选择应急策略、应急队伍及应急装备等应急资源的管理、应急信息的管理以及应急过程中应急安全的控制。

作者最后也对完善应急管理体系进行了思考，对未来海上应急体系的完善提出了中肯的建议。

张来斌

2023 年 6 月

# 目　录
## CONTENTS

油气资源在全球经济和政治中都具有极其重要的作用。全球工业化水平的提高和经济复苏的加快，使得石油需求量持续增加，国际原油价格尽管起伏不定，但总体上呈震荡上行趋势（图1.1），这无疑会给世界石油工业的发展带来巨大的机遇，但同时也会带来前所未有的挑战。总体来看，全球油气资源蕴藏量极为丰富，随着勘探开发技术的持续革新、投资的逐年加大，油气探明剩余可采储量和油气产量实现双增长。21世纪，石油能源仍会处于能源消费的主导地位。

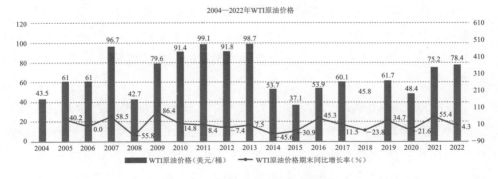

图 1.1　国际原油价格发展趋势

数据来源：国家统计局（http://www.stats.gov.cn/）公开数据整理

近年来,随着陆上油气勘探程度的加深,主力油田已进入开发后期,新发现油气田规模逐步减小,油气稳产、增产难度日益增大,新增储量在全球油气储量增长中占比下降。相较之下,全球海洋油气勘探开发发展迅速,已成为未来油气勘探的重点,在此期间喜报频传,不断获得重大油气勘探发现,新获油气田规模、产能均属上乘,全球油气资源总产量中海上产能的比重日益攀升。

## 一 全球油气资源需求及分布

### (一) 油气资源需求

从石油需求来看,在未来 10 年的时间里,全球石油需求将进入平稳期,之后将会下降,究其原因,是陆路运输行业对石油的依赖度减退。俄乌冲突对全球油气市场产生不利影响,需求的放缓速度或将加快。

国际知名咨询公司伍德麦肯兹表示,受益于中国石化原料使用量增加,2023 年全球石油需求将持续增长。欧佩克(OPEC)在 2023 年 3 月 14 日发布的月度原油市场报告中预测:2023 年全球石油需求总量将比 2022 年增加 230 万桶/日,达到 1.019 亿桶/日。分地区看,OPEC 认为,2023 年经合组织国家的石油需求降低 24 万桶/日,总量至 4 623 万桶/日;非经合组织石油需求上调 27 万桶/日,至 5 567 万桶/日,其中中国石油需求将增加 71 万桶/日,此前预期为增加 59 万桶/日。

相对于 OPEC,美国能源信息署(EIA)对 2023 年的全球石油需求预期较为悲观。在 2023 年 3 月发布的《短期能源展望》中,EIA 预测,2023 年全球石油需求同比增加 148 万桶/日,增至 1.009 万桶/日,其中中国石油消费增量就占据近一半,为 70 万桶/日,而经合组织国家的石油需求预计将保持同等水平[1]。

国际能源署(IEA)在 2023 年 3 月发布的《最新石油市场月报》中提到,2023 年期间全球石油需求增长将急剧加速,预计从第一季度的 71 万桶/日增加到第四季度的 260 万桶/日;预计 2023 年全球石油需求平均将增长 200 万桶/日,全球石油需求将达到创纪录的 1.02 亿桶/日。IEA 表示:"航空运输的反弹和亚洲压抑需求的释放主导了复苏[2]。"

在供给方面,国际能源署预计 2023 年全球石油供给会增加 120 万桶/日。

2023 年 1 月全球石油供给总体稳定,约为 1.008 亿桶/日;随着美国和加拿大从冬季风暴和其他中断中强劲反弹,2 月份全球石油供应量猛增 83 万桶/日,跃升至 1.015 亿桶/日。IEA 表示:"随着资源需求的复苏和俄罗斯的减产,供应短缺的局面可能很快就会到来[2]。"预计非"欧佩克+"今年将推动全球产量增长 160 万桶/日,足以满足 2023 年上半年的需求,但在下半年,当季节性趋势和中国的复苏将需求推高至创纪录水平时,将达不到要求。

油气资源在未来的 15～20 年仍将继续在全球能源系统中发挥重要作用,在全球一次能源需求中居于主导地位。至 2030 年,全球石油需求量预计达到 57.69 亿吨,天然气需求量预计达到 42.03 亿吨油当量,占全球一次能源总需求的 65%[3];至 2035 年,全球石油消费量预计为 7 000 万～8 000 万桶/日;之后,石油需求的下降速度将加快,到 2050 年预计为 4 000 万桶/日左右,在净零状态下预计仅有 2 000 万桶/日。同 2022 年约 1 亿桶/日的需求相比,至 2035 年的降幅或将达到 30%,至 2050 年的降幅则将超过 60%[4]。

短期而言,在疫情后经济回归正轨和陆上油气资源危机问题日益凸显的形势下,要满足 2030 年 99.72 亿吨油当量的需求,寻找储量接替区的任务已迫在眉睫。放眼自然,石油工业的未来在广袤的大海之上,再者,从社会安全角度考虑,海上油气基础设施更易于避免恐怖袭击的威胁[3]。

### (二)海洋油气资源分布

据国际能源署估计,全球油气资源量的 1/3 蕴藏于海洋之中,而此占比的海洋油气资源之中,约 60% 分布在全球浅海大陆架(表 1.1)。但受勘探技术限制,目前尚处于勘探开发的早期阶段,对其储量还缺乏准确的判断。

表 1.1　全球油气资源量统计及探明储量占比

| 资源类别 | 资源分布 | 储量 | 探明储量占比 |
| --- | --- | --- | --- |
| 全球石油最终可采资源量<br>(亿吨) | 陆地 | 2 788 | 75% |
| | 海上 | 1 350 | 28% |
| 全球天然气最终可采资源量<br>(万亿立方米) | 陆地 | 296 | 58% |
| | 海上 | 140 | 29% |

数据来源:《中国海洋油气资源开发现状与未来前景预测报告(2023 版)》

另美国石油地质学家协会（American Association of Petroleum Geologists，AAPG）估计，全球在水深 300 米以内的大陆架，约有 57% 的沉积盆地可能蕴藏石油，蕴含原油约 1 000 亿吨、天然气 556 亿吨油当量、二次可采原油近 500 亿吨以及重质原油 300 亿吨[5]。同时，大陆坡和大陆基内也发现了石油资源。

由此可见，全球海洋油气资源具有巨大的潜力，勘探开发前景广阔，被广泛地视为今后全球油气能源领域的重要增量之所在[6]。

海洋油气资源的分布因成油地质条件的限制，各区域储量呈现极不均衡的状态，现今世界发现的海洋油气从区域上看主要集中在三湾（波斯湾、几内亚湾、墨西哥湾）、两海（南海、北海）、两湖（马拉开波湖、里海）七大富集区（表1.2）。

表 1.2　世界海洋油气分布情况统计

| 区域 | 位置 | 面积（万平方千米） | 地质储量（亿吨） | 探明储量（亿吨） | 特点 |
|------|------|------|------|------|------|
| 波斯湾 | 西亚阿拉伯半岛与伊朗高原之间 | 24.1 | 600 | 500 | •位于浅海近海地区；分布集中<br>•储量大<br>•开采难度小<br>•80%为自喷井<br>•原油外运方便<br>•生产成本最低 |
| 几内亚湾 | 非洲西部海湾 | 153 | 230 | 109 | •深水油气资源占比45%<br>•未大规模开采，前景巨大<br>•起步晚，经济实力薄弱 |
| 墨西哥湾 | 北美洲东南部边缘 | 155 | 150 | 42 | •浅大陆棚区蕴藏大量的石油和天然气<br>•勘探历史悠久，诞生了世界第一口海上商业油井 |
| 南海 | 中国南部 | 350 | 300 | 152 | •储藏丰富，被誉为"第二个波斯湾" |
| 北海 | 欧洲大陆西北部和大不列颠岛之间 | 57.5 | 70 | 47 | •产量和品质稳定，布伦特原油成为国际油价标杆 |

续表

| 区域 | 位置 | 面积(万平方千米) | 地质储量(亿吨) | 探明储量(亿吨) | 特点 |
|------|------|------|------|------|------|
| 马拉开波湖 | 委内瑞拉 | 1.43 | 400 | 280 | ·最富饶、最集中的产油区之一 |
| 里海 | 欧亚两洲的内陆交界处,中亚与高加索山之间 | 38.6 | 330 | 170 | ·被誉为"第二个中东"勘探阶段,并未大量开发 |

在南北两极大陆架上油气资源蕴藏量也相当丰富。早在 20 世纪 60 年代,美国和俄罗斯就发现了地球北极区海域内油藏的存在,其石油埋藏量相当于目前被确认的全球原油总储量的 1/4。据相关资料显示,俄罗斯海洋油气资源的 80% 以上聚集在其北极海区域,为 1 000 亿～1 200 亿吨油当量[6]。不过受极区严酷气候的限制,加上储量难以准确估量,该海域油气开采工作并未取得太大的进展。

总体而言,石油储量主要集中在中东和拉美地区,天然气储量主要集中在北美、中东及中亚俄罗斯地区,海洋油气资源分布的全球性格局维持不变。

## 二 世界海洋石油工业简介

海上油气资源的勘探作为陆地石油开发的延续,人类从未停止过对新领域的探索,作业区域从陆上到浅水再到深水,工艺由简易到复杂。从使用最原始的井台进行石油勘探作业起,海上勘探进程已逾百年。最早从事海洋油气钻探作业可追溯到 1887 年美国在加利福尼亚海岸钻探的第一口海上探井,自此拉开了世界海洋石油工业的序幕。据统计,目前从事海洋油气作业的国家和地区已超过 80 个,作业范围覆盖了 1 300 万平方千米的海域[6]。截至 2023 年 5 月 15 日,全球海上自升式钻井平台总数 403 座,浮动钻井平台总数 151 座[7]。

### (一)勘探开发发展历程

留在世界海洋石油工业发展历程中的浓墨重彩:

1897 年,美国最先在西海岸加利福尼亚州萨默兰油田(Summerland Oil Field)潮汐地带搭建了一座 76.2 米长的木制栈桥,其上安装钻机打出了第一口海上油井[6]；

1920年，委内瑞拉使用原始的木制平台在马拉开波湖发现了现今仍处于开采期的大油田；

1922年，苏联用栈桥尝试在巴库油田的附近海域进行海上钻探并取得成功；

1936年，美国开始了墨西哥湾海域的钻探工作，打出海上第一口深井，并于两年后建成史上最早的海洋油田；

1947年，标志着现代海洋石油工业开始的第一个近海油田在墨西哥湾发现；

1951年，沙特阿拉伯在波斯湾发现了世界上最大的萨法尼亚油田（Safaniya）海上油田；

1957年，我国在海南莺歌海海域开展勘察首次发现油气苗；

1960年，我国在海南莺歌海钻探水深15米的中国海上第一井，即中国海洋石油工业史上赫赫有名的"英冲1井"；同一年，在"英冲2井"取得中国海上油气勘探重要成功，喜获150千克原油；

1963年，中国用最原始的办法制造了第一座浮筒式钻井平台用于莺歌海海域三口井的钻探工作；

1964年，英国开发北海油田；

1967年，我国在渤海钻探海上第一口深探井并获工业油流。

世界海洋石油工业几十年的勘探发展历程大致可分成表1.3中的三个阶段，在此期间，共有近5000亿桶的海洋石油被发现。

表1.3　世界海洋石油工业勘探历程及收获

| 发展阶段 | 时间 | 重要事件 | 阶段发现总量（亿桶） | 年均发现量（亿桶） | 平均发现规模（亿桶） |
|---|---|---|---|---|---|
| 第一阶段 | 1940至1972年 | •美国墨西哥湾于1947年获第一个近海石油发现<br>•波斯湾发现第一批超大型油田西非获得第一个海上发现<br>•北海获得巨大石油发现<br>•澳大利亚和中国有两个重大发现 | 1 980 | 83 | 7.7 |

| 发展阶段 | 时间 | 重要事件 | 阶段发现总量（亿桶） | 年均发现量（亿桶） | 平均发现规模（亿桶） |
|---|---|---|---|---|---|
| 第二阶段 | 1973 至 1990 年 | • 北海、墨西哥、里海、俄罗斯的北极地区都有重大发现<br>• 美国墨西哥湾于 1983 年发现了本区的第一个深水大油田<br>• 巴西于 1984 年发现了本区的第一个深水大油田<br>• 印度和加拿大在近海均获得重要发现<br>• 西非、澳大利亚、美国墨西哥湾浅区持续有所发现 | 1 710 | 95 | 1.35 |
| 第三阶段 | 1991 年至今 | • 巴西、安哥拉、尼日利亚、美国墨西哥湾找到深水重大发现<br>• 北海、里海、中国获重大发现<br>• 澳大利亚、西非浅水区、波斯湾获有小规模发现 | 1 210（深水和超深水 440） | 80（深水和超深水 30） | 1.16 |

随着海洋钻探和开发技术水平的不断进步、高新科研投入的持续攀升、人类对海洋资源认知水平的快速提升，世界石油工业勘探进程逐年加快，深水的界定范围也在发生变化，已由最初的 200 米加深至 500 米水深[6]。海洋油气勘探开发领域已从浅海区扩展到 100～500 米中深海域、500～1 500 米深海乃至 1 500 米以上超深海[8]。如今，世界范围内的石油企业已将关注点集中在蕴藏于海洋之中的油气藏。

20 世纪 90 年代以来，全球多数海域的油气开采工作开始向深水逐步推进，自此开启了海洋油气工业的新篇章，将深水油气勘探开发推向高潮。目前，深海油气勘探开发普遍集中在 3 000 米以内的水域，而最新的钻采技术可支持水深 6 000 米以上的作业[9]，随之而来的是投资的不断增加。

起初，全球深水油气开发资本投资势头强劲，2014 年曾高达 900 亿美元，之后受国际油价波动和资源国政策等多重因素叠加影响，出现持续下跌的趋势，至 2021 年已不及 400 亿美元。但随着各国石油公司不断加强深水油气资源勘探开发力度，预计其投资将会很快重新步入正增长轨道。《中国海洋能源发展报告 2022》中预计 2030 年全球海洋油气勘探开发投资将超过 700 亿美元，其中投资最高的是亚洲和中东。据统计，2022 年全球海上近 40％的钻井工作量来自中国海域[10]。

根据国家油气战略研究中心 2022 年 9 月发布的《全球油气勘探开发形势及油公司动态（2022 年）》报告公布数据显示，全球 101 个大型油气新发现中，67％来自深水，且探明储量占比为 68％。截至 2022 年底，全球深水油气产量约为 1 100 万桶油当量／日，占世界油气总产量 6％左右。预计到 2030 年，全球深水油气产量将较 2022 年增长 600 万桶／日，达到 1 700 万桶／日油当量，将占世界油气总产量的 8％[10]。深水区被视为 21 世纪潜力巨大的能源接替区。

**（二）世界海洋石油工业技术现状**

海上油气开采虽为陆地勘探开发的延伸，钻采设备也是根据陆上钻探设备改良和发展的，但整体上复杂程度和难度要比陆地作业更大，需要在水面架设特定的设备来进行支撑。

在勘探开发的初始阶段，人们运用土木工程建设技术搭建出木结构的平台和人工岛，在近岸和内湖从事石油资源的开发工作。后来人们开始改造船舶，在船的中央钻一个洞，将架在钻塔上的钻机置于船的孔洞之上进行作业，这便是最早的钻井船开采方式的由来。同船舶一样，这种钻井船对海况的依赖程度很高，极易受海况的影响，风浪、潮汐、海流等作用都会使船发生晃动和位移，给海上作业和保障人员带来巨大的困难。1974 年，中国的第一艘海洋石油钻井船"勘探一号"问世，为了减轻船舶的摆动，用 6 只锚将拼装起来的两艘货船进行锚定[11]。

随着勘探工作的不断推进，石油工人为解决作业中的重重困难，结合现场环境和作业需要，找到了更好的方式，即建造钻井平台，使其兼具钻井作业和生活需求的功能。其中，固定式平台因需要安装固定于海底，所以仅限于 20 米左右水深的浅水区[11]；自升式平台则是采取沉垫式或桩靴式将 3～4 根钢柱组成的桩基系统置于海底，再用机械升降设备把平台结构升起来，主体结构浮于海面，作业时就可以免遭海浪和海流的冲击，保证钻探作业不受海况的影响。为维持平台的稳定性，桩腿长度受到制约，这也极大地限制了该类平台的作业水深。再一种是半潜式钻井平台，又可称为立柱稳定式钻井平台，由海面下水深 20 米左右的浮箱提供主要浮力支撑[11]。该深度的风浪一般较小，沉没于此的浮箱所受波浪的扰动力大大降低,使其能够为海面以上的平台本体提供更为稳定的支撑。

随着全球范围内的石油公司不断加大海洋油气田开发规模、不断向更深的海域迈进,现实需求和科技创新带来海洋油气钻采技术的高速发展,出现了将海面上复杂的平台装置去除,井口装置直接置于海底实施钻采作业的海底采油系统,该项技术极大提高了开采海底油气资源的安全性,同时开采海底油气的成本也得到了很大程度的降低[11]。

海洋油气钻采不断向大水平位移井延伸,分支井不断发展,小井眼钻井越来越受重视,钻井平台和采油平台的抗风暴能力也不断增强。

随着海上油气田开发深度的不断增加,海洋石油工程钻采技术更迭日新月异,深水浮式平台和水下生产系统逐步取代了传统的导管架平台和重力式平台[12],平台在设计和建造技术方面得到持续完善,目前全球拥有水下生产装置2 000 余套、各类深水生产装备近 400 座,包括常见的张力腿平台(TLP)约 30 座;深吃水单立柱平台(SPAR)约 22 座;半潜式生产平台(SEMI)约 41 座;浮式生产储卸油装置(FPSO)在役约 186 艘以及浮式液化天然气装备(FLNG)、浮式液化存储及再气化装置(FSRU)。TLP 平台一般应用于 300～1 500 米水深范围内的深海油气开发作业,目前应用场景水深最深达 1 580 米。SPAR 平台可支持干式井口,理论作业水深 400 米以上,作业水深最深的一座在墨西哥湾,为 2 383 米。适用深海作业的全球最先进超深水双钻塔半潜式钻井平台,作业水深和钻井深度均达世界之最,其最大作业水深可达 3 658 米,最大钻井深度可达 15 250 米[12]。FPSO 一直被称作"海上石油工厂",作业领域水深已至 2 200 米。用于水下作业的作业级深海机器人(ROV)潜深高达 3 000 米,可选潜深 7 000 米。

借助于"海神计划""海王星计划""深水油田开采技术创新和开发计划"(深水油田开采技术创新和开发计划分为三个阶段:PROCAP1000 计划,形成 1 000 米水深的开发能力;PROCAP2000 计划,形成 2 000 米水深的开发能力;PROCAP3000 计划,形成 3 000 米水深的开发能力)等系列研究计划的顺利实施,在美国、英国、挪威、巴西、新加坡等国家初步形成了海洋油气勘探开发和施工装备技术体系及产业化基地,随之而来的是海洋油气田开发模式的转变——由浅水单一固定平台转变为水下生产设施＋浮式生产设施的模式[13],

并形成了"浮式钻采平台-水下井口/水下生产系统-海底管网"的美国墨西哥湾模式和"半潜式平台-水下井口/水下生产系统-浮式生产储卸装置/浮式储卸船（FPSO/FSO）"的巴西模式。

### 三 中国海洋石油工业简介

我国是陆地大国也是海洋大国,海岸线总长约 18 000 千米,近海的大陆架区域面积近 290 万平方千米,所属各海域蕴藏着丰富的油气资源。渤海湾盆地、东海盆地、台西盆地、珠江口盆地、北部湾盆地、莺歌海盆地、琼东南盆地是我国海域油气田主要分布区[5]。我国海洋油气资源的勘探工作始于 1957 年,晚于西方国家 70 多年[14]。当时石油工业部、地质部和中国科学院等单位分别在莺歌海、北部湾、珠江口和渤海、黄海等海区进行重力、磁力普查和部分地震勘测工作。

历经长年累月的勘探开发,大部分陆地油田已面临着勘探资源枯竭的问题,受油田开发规律的影响,步入勘探开发后期的陆地油田的产量增长率难以得到保证,20 世纪 90 年代以来,中国海洋石油集团有限公司贡献了全国石油增长总量的 60%[13]。由此可见,我国近海油气资源储藏量相当丰富,再者海上勘探开发的程度要远低于陆地,尚处于蓬勃发展期,近海油气田开发也成了我国油气产量的主要增长点。

我国近海油气田开发历程可分为两个主要的阶段,第一个是 1996 年之前以开发海相砂岩油藏为主的起步阶段。期间,1995 年的年产油气当量首次突破 1 000 万吨大关,到 1996 年,年产油气当量翻了一番,接近 2 000 万吨,其中仅南海海相砂岩油田产量就超过前一年的年产油气当量,并自此处于稳产 1 000 万吨以上规模。第二个是 1996 年之后以渤海陆相砂岩油田,特别是稠油油藏开发为主的迅猛增长阶段。到 2004 年,我国国内近海年产油气当量突破 3 000 万吨,2008 年突破 4 000 万吨,之后仅用两年时间就实现年产油气当量 5 000 万吨的重大突破[13]。

### （一）中国海洋石油工业概况

#### 1. 勘探开发发展历程

**（1）应时之举——开端**

20 世纪 50 年代末我国即开始了海洋石油工业的探索,直到 1967 年 6 月 14 日,原海洋勘探指挥部首次在渤海钻成井深 2 441 米、日产原油 35 立方米、天然气 1 941 立方米的海 1 井(图 1.2),自此实现了我国海洋石油工业"零"的突破[15],这是中国海上第一口工业油流井,海 1 井的成功获取标志着中国的海洋石油工业进入工业发展的新阶段,从此揭开了中国海洋石油勘探开发的序幕。但受限于资金短缺、管理经验不足、人员素质不高等因素的影响[16],新中国的海洋石油工业始终在困境中艰辛摸索前行,取得的成果也不甚理想。而政策需要和经济发展需求,国家希望海洋石油能够加快发展,并成为整个石油工业的战略接替区和主要能源供应基地。

图 1.2　海 1 井

1977 年 11 月初,我国抽调大庆、胜利、辽河等陆上油田和渤海、南海两个海上石油基地的领导和专家组成了 17 人的中国石油代表团[16],前往美国参观其海上油田、长滩油田以及位于墨西哥湾的一座新建钻井平台。先进的钻井装备、全自动化的控制系统、海上生活设施完备的吃住条件,以及根植于心的"大海不是垃圾箱"[16]的环境保护理念,菲利普斯石油公司总部研发的专门在复杂地形条件下进行野外资料采集的地球物理勘探遥感技术,都给代表团人员留下了刻骨铭心的印象。

中国石油代表团 1978 年 2 月中旬回到北京,并经由石化部向中央提交了赴美考察报告。1978 年 3 月 26 日,莺歌海刚刚引进的"南海 1 号"钻井船、渤海湾落日余晖里投产不久的 6 号平台,在同一个铺满落霞的黄昏迎来了一个足以改变中国海洋石油工业历史的重要决策[17]:利用外资加快发展我国海洋石油工业。在商务方面,采用国际上通行的风险合同模式,分地球物理勘探和签订石油合同两步走的方式,正式开展对外合作[18]。中国海洋石油工业从此进入高速高效发展期,这也是我国石油工业发展由陆上到海上、由自力更生到利用外资、全面开展对外合作的发端和转折点,实现了从"请进来"到"走出去"的跨越[16],在世界海域也有了中国的谋篇布局。

为了提高海洋石油的产量,我国曾多次派团出国访问考察。结果发现,世界上海洋石油开发的发达国家都有一个专门从事海洋石油勘探开发的经济实体,他们或是国家公司或是私营公司。按照国际惯例,开展海洋石油国际合作必须以国家石油公司名义方可进行[15]。如果没有国家授予专营权的公司实体,海洋石油对外合作将是一纸空谈。

(2)开放之路——专业公司成立

为了与外国石油公司开展对等合作,1982年1月30日,国务院正式颁布《中华人民共和国对外合作开采海洋石油资源条例》,作为我国海上石油对外开放的基本行政法规,成为对外合作的主要法律依据[18],并于1982年2月15日批准成立中国海洋石油集团有限公司[17],授权中国海洋石油集团有限公司全面负责对外合作开采海洋石油的业务,依法行使海洋石油勘探、开发、生产和销售的对外合作管理权和专营权[19](图1.3)。

图1.3 中国海油挂牌仪式

从1982年到1992年的10年间,中国海油先后向全世界发出4轮招标公告,共与外国公司签订39个石油合同、21个物探协议、19个联合协议,合同区面积达到98.13万平方千米,勘探投资超过32亿美元[17],中国南海、渤海、南黄海、东海全海域实现了对外开放。

基于已发现油气资源的分布情况,建成了四大海上油气生产基地[13]:渤海油气开发区、南海西部油气开发区、南海东部油气开发区、东海油气开发区。渤海油气开发区主要以渤海盆地勘探开发为主,南海西部油气开发区主要以北部湾盆地、莺歌海盆地、琼东南盆地以及珠江口盆地西部的勘探开发为主,南海东部油气开发区主要以珠江口盆地东部的勘探开发为主,东海油气开发区主要以东海盆地的勘探开发为主。

南海东部石油公司可谓中国海油大规模开展对外合作的先行者。由中、美、意三国联合开发的惠州 21-1 油田的投产实现了我国南海东部海域原油生产"零"的突破。与挪威合作的陆丰 22-1 油田、与美国合作的西江油田、与美国(后为英国 BP 石油公司)合作的流花 11-1 油田、与美国合作的番禺油田、与日本合作的陆丰 13-1 油田、与加拿大合作的白云天然气田相继登场。持续的对外合作让南海东部油田的油气产量开始快速增长。

50 年的风雨历程,我国近海石油勘探开发已经拥有了坚实的物质基础,形成了完备的技术保障体系和管理体系,初步建成了以海洋石油 981 半潜式钻井平台为核心的深水重大工程装备队伍[13],具备了 1 500 米超深水深的海洋油气田勘探开发技术能力。

"十三五"期间,中国海油新增探明石油地质储量 13 亿吨、天然气地质储量超 5 000 亿立方米[20],先后获得垦利 6-1、惠州 26-6 等一批大中型油气田重大发现,进一步夯实了我国储量资源基础。

其中,在渤海莱州湾北部地区发现的首个亿吨级储量大油田垦利 6-1,打破了该区域 40 余年未发现商业油气的局面[21];在南海东部海域获得的惠州 26-6 重大发现,是我国在珠江口盆地浅水区自营勘探发现的首个大中型油气田。

目前,我国海洋石油形成了渤海海域以油为主,南海北部、东海海域油气并举的海上油气田开发格局。2021 年,中国海油建成我国最大的原油生产基地,成为我国原油增产的主力军[13],同时海外合作区块也进入开发阶段。

(3)创业之果——"海上大庆油田"建设

经历了对外合作的不断洗礼,中国海油的管理、技术、现代企业制度建设与整体实力得到持续提升[17]。海洋石油工业的对外开放,在一路艰辛中走来,而恰恰就是对外开放,奠定了今天"海上大庆"的基础,成就了中国海油的鹏程万里。

"海上大庆油田"建设过程,是中国海洋石油工业放下身段取经求学,引进海外公司技术人才,从"一无资金,二无技术,三无装备"[17]到自主创新、自我强大的过程。

1987 年,储量近 3 亿吨稠油的绥中 36-1 油田被发现。为有效探索海上稠油的开发道路,尽量规避开发风险,中国海油开辟了一个试验区,尝试了注水、防砂和机械采油等一系列开发方式,最终决定采用 350 米井距反九点注采系统,实行面积注水,以电潜泵为主力机械的采油开发方案[17]并获成功,成为中国海洋石油工业发展史上的一个里程碑。

在 1995 年至 2000 年的短短 5 年间,渤海陆续发现了秦皇岛 32-6、南堡 35-2、渤中 25-1 南、蓬莱 19-3、曹妃甸 11-1 等近 10 个大中型油田,收获三级石油地质储量达到 17 亿吨[17],超亿吨的"大块头"如雨后春笋般冒出,一举奠定了渤海在我国近海最大采油基地的龙头地位。

2010 年 12 月 20 日,中国海油顺利实现海上年产油气 5 000 万吨油当量的目标,成功建成"海上大庆油田"。这一天注定会载入中国石油工业史册,被更多的世人铭记。中国海油也终于从一个追赶者发展成为同行者再成功蜕变为行业领跑者。

伴随着"海上大庆"的建成,2011 年 1 月 14 日,中国海油的"中国海洋油气勘探开发科技创新体系"荣获国家科技进步奖一等奖。这两件大事相继发生并非偶然,而是相辅相成的,"海上大庆"的建成,科技创新发挥了重要的支撑和引领作用[22]。至此,无垠的蓝海成为中国油气开发最重要、最现实的接替区之一,中国能源开发步入"海洋时代"。中国也迈进了世界海洋油气生产大国的行列。

近年来,中国海油全力加大海洋油气资源勘探开发力度,先后在我国近海探明 10 余个亿吨级大油田和千亿方大气田,获得 200 多个油气发现,探明油气地质储量超 70 亿吨油当量[23]。其国内原油增产量在全国总增量中占比超过 70%,推动我国油气供应格局实现了从"以陆地为主"向"陆海统筹、海陆并重"转变,油气资源基础稳步扩大。

(4)扩张之年——跨出区域限定

1994 年,中国海油与外国合作伙伴在中国海域签下第 100 个石油合同。也是在这一年,中国海油旗帜鲜明地迈出了"走出去"的第一步——投资 1 600 万美元,收购了美国阿科公司在印尼马六甲海峡区块 32.58% 股份权益[17],成为该油田最大的股东,拥有了第一个海外油田,迈出了开拓国际市场的重要一步。

到 2002 年,中国海油又在印尼、澳大利亚和尼日利亚成功收购油气项目。中国石油化工集团公司(简称"中石化")先后与沙特、伊朗、俄罗斯等国的石油公司进行勘探开发合作[24],同时积极开展海外石油下游业务合作。

随着石油需求量迅速增长,我国石油的供需缺口在不断扩大,对外依存度也在日益提高。2004 年 4 月,国务院发文规定,打破国内油气资源勘探开发的海陆分界线,允许中国石油天然气集团公司(简称"中石油")、中石化赴海上采油,中国海油也可"登陆"进行油气勘探开采活动,但都限定在自营范围。我国石油工业三分天下、南北对应、陆海相隔的基本格局自此打破。2006 年 5 月,中石化和巴西石油公司正式签署了《战略合作协议》。两家公司约定,未来将在石油销售、勘探、生产、提炼、管道、工程服务和技术合作等方面进行全面合作。2007 年 5 月 3 日,中石油宣布,在渤海湾滩海地区发现储量规模达 10 亿吨的冀东南堡油田。可以说,中石油和中石化"下海"是我国实施石油战略的必然结果,也是海洋油气业快速发展的要求[15]。

2012 年 7 月 23 日,中国海油发布了一个震惊全球能源界的消息:151 亿美元收购加拿大尼克森公司。这次收购一举增加证实储量约 30%、产量 20%,并战略性进入加拿大西部、英国北海、墨西哥湾、尼日利亚、圭亚那等海上油气富集区[17],在国际原油市场上具有风向标意义的布伦特原油价格中也首次有了"中国元素"。

如今,中国海油已在 6 大洲 45 个国家和地区开展能源合作,建立海外油气生产基地,海外资产超 4 000 亿元,占总资产近 40%,海外油气勘探开发业务涉及 20 多个国家,勘探作业面积近 6 万平方千米,掌控石油探明可采储量达 19 亿桶[17],在大西洋两岸参与发现了数十亿吨级的"世界级"油田及油气构造……

与此同时,专业服务板块也走出国门,在全球提供技术和工程服务。40 年前,中国海油选择对外合作,请外国石油公司帮助中国在海上找油。40 年后,中国海油早已从容走出国门,足迹遍布世界各地,凭着自己的实力在世界各地的石油战场上打出了威风,赢得了尊重。

2013 年,"一带一路"倡议的提出,为我国油气企业"走出去"开展国际合作提供了新的历史机遇。40 年来,作为我国海上对外合作的特区,中国海油先后与 81 家国际石油公司签订 200 多个对外合作石油合同,引进外资超 2 500 亿元,海洋石油长期位居我国吸引外资最多的行列,与合作伙伴携手建成我国最大中外合资石化项目中海壳牌、我国首座 LNG(液化天然气)接收站,完成多个海外油气投资项目。而且,实现了从上游到下游、从浅海到深海、从国内到国外的三大跨越,成为油气主业突出、产业链完整、规模实力较强的国际化综合能源公司[23]。

（5）国之重器——深水资源开发

近10年来,全球重大油气发现70%来自深水,排名前50的超大油气开发项目中,75%是深水项目[22]。走向油气开发潜力巨大的深水区,是海洋油气资源勘探开发可持续发展的大趋势。

中国南海油气资源丰富,据国际能源署估计,中国南海的油气地质储量高达700亿吨,70%蕴藏在深水区。目前,南海莺歌海、琼东南、珠江口三个盆地天然气探明地质储量近8 000亿立方米,到2025年,累积探明储量将达1万亿立方米。

中国在海洋油气勘探开发过程中,经历了跟踪学习、合作引进、自主创新3个阶段,突破了"入地、下海"的双重挑战,攻克了深水钻井的技术难题,实现了从浅水到深水、从深水到超深水、从深水勘探到开发的重大跨越[25]。

1987年,通过与美国阿莫科公司的合作,应用24井式水下生产系统、一座半潜式生产平台、1艘浮式生产储卸油轮浮式生产储油装置,成功开发了迄今为止中国南海最大的水深310米的流花11-1油田,其中使用了7项世界海洋工程领域第一的创新技术,如首次将电潜泵与水下井口生产系统结合进行油田开发、采用卧式采油树、采用水下湿式电接头、跨接管测量制作回收技术的应用等[12]。油田于1996年3月投产,高峰年产量达到250万吨规模。流花11-1油田的成功开发,实现了我国深水油气田开发的零的突破,为中国海油走向深水奠定了基础[25]。2006年,流花11-1油田由合作开发转变为自主经营,同时我国已经具备自主进行1 500米深水油气田开发方案前期研究的能力[13]。

2002年,中国在珠江口盆地钻探的番禺30-1-1井获得巨大成功。这是中国海油挺进深水的第一步,是叩开深水石油勘探大门的"敲门砖"[25]。2005年,我国与越南、菲律宾签署了联合海洋地震工作的协议[13]。

2006年,荔湾气田被发现（图1.4、图1.5）,当时估计该气田的天然气可采储量在1 132亿～1 699亿立方米[25]。2009年初启动开采项目,荔湾3-1所钻的两口评价井均获得成功[15],证实了此前对其储量规模的预期。荔湾3-1气田勘探取得重大的成果,中国第一口超千米水深的探井荔湾 3-1-1 井开钻,实际水深近 1 500 米,创下了中国当时海上钻井水深的最高纪录,并探明了约 500 亿立方米的天然气地质储量 [25]（探明储量为 1 000 亿～1 500 亿立方米,年产量可望达到 50 亿～80 亿立方米）,令全球石油界瞩目。

2014 年,我国第一个水深超过 1 400 米的深水油气田荔湾 3-1 全面建成投产 [13],其中心平台重达 32 000 吨,并创造性地采用浮拖法安装完成,是亚洲最大的海上油气平台。

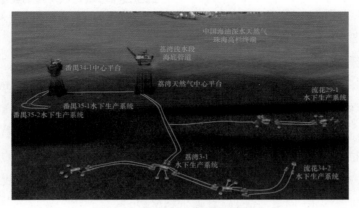

图 1.4　荔湾 3-1 气田开发模式

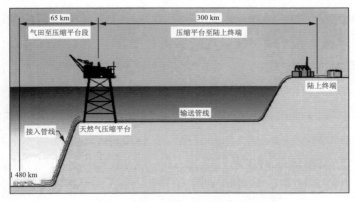

图 1.5　荔湾 3-1 气田开发示意图

2015 年,我国第一个自营深水气田陵水 17-2 前期研究启动,首次完全自主进行深水气田的前期研究 [13],成为我国深水工程设计的重大转折点。该气田开创了世界首例深水万吨级储油半潜平台的开发模式（图 1.6）,突破并掌握了 1 500 米水深半潜式生产平台设计建造技术以及配套国产化设备的设计与制造等多项技术,拥有了中国 1 500 米深水气田自主设计和开发能力。该气田投产后,每年将稳定供气超过 30 亿立方米,从而完善环粤港澳大湾区和海南岛自由贸易试验区南海天然气大动脉建设,成为南海新的能源中心;并可支撑油气勘探开发由近及远向南海深处推进,成为深海气田开发示范工程项目[26]。

图 1.6　陵水 17-2 深水气田

　　在海外,中国海油在尼日利亚第 130 号海上石油勘探许可证(OML130)项目旗下的深水油田 Akpo 于 2009 年顺利投产,成为中国海油海外产量增长的重要动力。7 月 17 日,中国海油和中石化联合收购了美国马拉松石油公司持有的安哥拉 32 区块 20% 的权益,安哥拉 32 区块是一个油气富集的深水勘探区块,区块总面积为 5 090 平方千米,共包括 12 个油气发现[15]。我国的海洋油气也正向着深水、向着海外、向着未来积极迈进。

　　海洋石油开发是一项耗资巨大、工艺复杂的系统工程,它考验的是一个国家拥有怎样的科学技术水平,考量的是工业在一个时代所展现出的综合实力。21 世纪,海洋深水是全球科技角逐的重要竞技场,深水装备是建设海洋强国、发展海洋经济的战略利器[27]。要想敲开深水油气勘探开发的大门,装备制造尤为关键。

　　目前,中国海油已组建形成了以“海洋石油 201”(图 1.7)、“海洋石油 720”(图 1.8)为代表的庞大“深海舰队”,包括海洋石油 201 深水起重铺管船、海洋石油 720 深水地球物理勘探船、海洋石油 981(图 1.9)/982 深水半潜式钻井平台、半潜式钻井平台“蓝鲸 1 号”(图 1.10)、“蓝鲸 2 号”(图 1.11)、海洋石油 708 深水勘察船、深水三用工作船、深水半潜式生产及储油平台——“深海一号”能源站等。10 年来,公司深水钻井平台从 3 座增加到现在的 10 座,其中,超深水钻井平台 3 座,最大作业水深达 3 000 米,最大钻深深度超过 15 000 米[27]。截至 2021 年年底,中国海油拥有各类深水船舶平台 66 艘,其中 1 500 米作业水深的深海装备 15 艘。我国深水油气勘探开发装备能力得到大幅提升。

图 1.7　中国首艘 3 000 米深水铺管
　　　　起重船"海洋石油 201"

图 1.8　深水地球物理勘探船"海洋
　　　　石油 720"

图 1.9　超深水半潜式钻井平台
　　　　"海洋石油 981"

图 1.10　"蓝鲸 1 号"

图 1.11　"蓝鲸 2 号"钻井平台

中国的深水钻井平台没有止步于"海洋石油 981"和"深海一号"。2014年 11 月,我国首个自主建造的极地深水钻井平台"兴旺号"交付入列。作为我国首个 1 500 米作业水深钻井平台,它能适应极地浮冰、超低温等恶劣环境,具备寒带作业能力,可在全球 90% 的海域钻探油气[27],北冰洋等极地低温地区不再是海上油气钻井作业的禁区。

2021 年 9 月,全球首个智能型深水钻井平台"深蓝探索"在我国南海珠江口盆地成功开钻,标志着中国智能化深水油气装备发展迈出了实质性的一步。它是全球首个获得挪威船级社智能认证的钻井平台,也是为深水油气勘探开发"量身定制"的新型半潜式钻井平台,堪当我国海上中深水海区、高温高压地层、超深埋藏地层的油气勘探开发重任[27]。"深蓝探索"的出现将中国海洋钻井平台推向了新的高度。

中国海油党组书记、董事长汪东进表示,"深海一号"超深水大气田的投产,标志着我国海洋油气开发由此进入世界先进行列!中国海油用 40 年时间,走过了西方国家海洋石油工业百年历程[17]。

时节如流,击鼓催征。中国海油迎来崭新征程——全力以赴推进增储上产攻坚工程、科技创新强基工程、绿色发展跨越工程和提质增效升级行动[17],奋力建设中国特色国际一流能源公司。

## 2. 中国海洋石油工业技术现状

从 1956 年莺歌海油苗调查起,我国的海洋石油工业走过了近 70 年的发展历程,实现了从合作开发到自主开发技术突破。经过长时间的摸索,我国已构建了一套完善的近海油气田高效开发技术体系与科技发展战略(图 1.12)。

首先,秉承一体化的开发理念,包括勘探开发一体化、油藏工程一体化和开发生产一体化三个方面,将各学科紧密地联系起来,使各专业工作更有针对性、目的性,通过协同合作,提高工作效率,压缩开发成本;其次,构建完善的开发技术体系,形成整体加密及综合调整技术、稠油热采技术、聚合物驱技术三大海上油气田开发及提高采收率技术体系,为近海不同类型油气藏高效开发提供技术支撑;最后,建立完备的保障体系,包括安全保障和环保保障,确保近海油气田在实现高效开发的同时,不存在人身安全隐患和环境污染问题,创建和谐的社会人文环境,为海上油气田的高效开发保驾护航[13]。

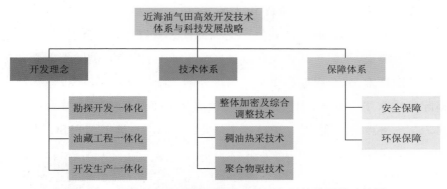

图 1.12 近海油气田高效开发技术体系与科技发展战略简图

中国海洋油气工业取得重大技术创新和高速发展是石油能源产业建设国家战略科技力量的最直接体现。中国石油、中国海油、中国石油大学等单位历经近 20 年攻关和实践,实现了南海高温高压钻完井关键技术重大突破,安全高效实施了 52 口高温高压井作业,发现了 5 个大中型气田,建成了我国第一个海上高温高压气田东方 13-1 以及我国海上最大高温高压气田东方 13-2[25]。目前这套技术已在国内外全面应用,为全面开发海洋油气资源、践行海洋强国战略奠定了坚实基础。

中国海上石油产量 50% 以上为超常规资源(稠油 / 重油),主要集中在渤海(稠油地质储量高达 70%)。我国从 2008 年开始进行海上稠油热力开采的先导试验,先后解决了海上平台空间受限、高温井井控安全难度大、稠油经济开发门槛高、井深热损失大等一系列难题,通过持续攻关,实现海上稠油规模化热采的技术突破[20]。2020 年 9 月,我国海上首座大型稠油热采开发平台——旅大 21-2 平台顺利投产( 图 1. 13),日产原油 400 吨左右,填补了我国海上油田稠油规模化热采的技术空白,标志着我国在开采海上稠油和特稠油进程中迈出了关键一步。特超稠油技术持续进步,

图 1.13 旅大 21-2 平台

有力支持渤海稠油热采产量突破 50 万吨。

在油气储运方面,海上浮式生产储油卸油装置(FPSO)的设计与建造技术也取得重大突破,掌握了恶劣海洋环境条件下永久性系泊、稠油处理工艺优化设计等关键技术,建造周期和成本仅为国外的 70%～80%,FPSO 总体技术达到国际先进水平。目前,中国海油拥有世界上最多的 FPSO,支持着中国海上原油 75%～80% 的产能[22]。2023 年 1 月 8 日,"海洋石油 123"FPSO(图 1.14)顺利下水,"海洋石油 123"是国内首艘在设计建造阶段就将智能化、数字化作为核心发展方向的 FPSO,配备了智能装配载、智能照明、单点系泊系统故障诊断等多个智能化管理模块,在传统 FPSO 基础上研发智能管理平台,打通多个智能管理模块之间的数据壁垒,实

图 1.14 "海洋石油 123"FPSO

现了作业人员工作效率、设备精细化管理及预知性维护水平的大幅提升。

中国海油积极践行海洋强国战略,通过国家科技重大专项、国家高技术研究发展计划(863 计划)、国家重点基础研究发展计划(973 计划)等持续支持,相继攻克了常规深水、超深水及深水高温高压等世界级技术难题,突破了深水勘探、深水钻完井、深水平台、水下生产技术、流动安全保障技术、深水立管和海管等海洋工程核心技术,自主完成了"FPSO+水下生产系统+井下双电潜泵举升技术"方案的总体设计、建造和安装,实现了水下井口及水下采油树的首次自主设计,创新了深水开发模式,形成并进一步完善了一系列我国具有自主知识产权的深水油气开发工程技术体系[27],使我国跻身世界先进行列,跃升为全球具备自主开展深水油气勘探开发能力的国家之一。

为保障我国首个深水自营大气田陵水 17-2 的开发,在全球首座半潜式储油平台"深海一号"能源站建造过程中,中国海油攻克大规模密闭空间作业、重量控制、高精度总装搭载等 12 个行业难题,在全球首创半潜平台立柱储油,采用全球最大跨度半潜平台桁架式组块技术,全球首次在陆地上采用船坞内湿式半坐墩大合龙技术[20]。同时,突破深水技术难关,自主建造完成了我国应用水

深最深、工艺复杂性与建造难度最高的 1 500 米深水中心管汇,为陵水 17-2 气田项目水下生产系统提供重要保障。

2022 年 10 月 3 日,由中国海油自主设计建造的亚洲首例 300 米级深水导管架平台"海基一号"正式投用,"海基一号"设计建造团队按照百年一遇台风的恶劣海况进行设计,攻克一系列世界性难题,创新应用深水导管架一体化建造安装、封舱隔板设计、数字孪生运维、超大跨度空间桁架结构等两项世界首创、21 项国内首创技术,实现了从设计建造到运维管理的全方位提升。

2022 年 9 月 14 日,我国自主研发的首套深水水下生产系统在东方 1-1 气田乐东区块示范应用正式投入使用,标志着我国深水油气开发关键技术装备研制取得重大突破,对打造自主可控的海洋油气装备体系、保障国家能源安全具有重要意义。

水下生产系统是油气开采的关键装备,一般用于深水作业,为了解决渤海海域作业空间限制的问题,中国海油创新性的自主研发了我国首套浅水水下油气生产系统,并成功投产于渤海海域的锦州 31-1 气田。该系统使用了无人化模式,能精确控制水下开采作业,并进行智能监控。

在钻井技术方面,2014 年,中国海油自主研发的旋转导向钻井和随钻测井系统首次联合完成海上作业。这标志着我国在油气田钻井、测井尖端技术领域打破了国际垄断,有望大幅降低国内油气田开发成本[20]。2022 年 4 月,我国首条旋转导向钻井和随钻测井"璇玑"系统智能化生产线建成投产,"璇玑"系统已覆盖 3 种井眼尺寸的 32 个智能功能模块,一次入井成功率由 79% 提升到 92%。

中国海油聚焦海洋油气开发重大瓶颈加强攻关,逐步探索出一条从引进、消化、吸收、集成创新到自主创新的科技发展道路,形成了以旋转导向与随钻测井技术、海上浮托安装技术、超大型 LNG 储罐技术等为核心的技术体系,打造了以"海洋石油 981"为旗舰的"深水舰队",具备了从勘探到开发、从深水到超深水、从南海到极地的全方位作业能力[28],推动我国海洋石油工业实现高水平科技自立自强。

## （二）中国海洋石油工业发展特点与面临的挑战

### 1. 中国海洋石油工业特点

海洋油气工业是一项跨学科、多领域的高集成技术产业，需要勘探、开发、工程、安全、环保、经济等多学科协同合作，长且复杂的技术链、极大的风险和挑战、高于陆地常规油田 6～10 倍的勘探开发成本，使得海上的油田勘探开发被赋予了高技术、高难度、高风险、高投入的特点，具体有以下几点。

（1）技术密集性

海洋中海水汹涌，随着水深增加，勘探开发的难度也不断增大，许多陆地勘探技术和方法都受到限制，必须使用最先进的科学技术[14]。例如，海上钻勘探井和开发井须采用专门的钻井平台，海上采油与集输也要采用高技术性能的采油、集输工艺与装备。

同时，石油勘探项目建设过程中需要多学科、多技术的参与配合，这就意味着其会涉及十分宽广的技术面，如流体动力学、结构力学、船舶技术[29]等，在工作效率、过程安全性、成本等方面提出较高的要求，故而要使用世界范围内最高端的技术装备和卫星定位与电子计算机技术、现代机电与液压技术等紧贴时代前沿的技术，以此提升海洋定位的准确性，为后续海上石油资源的开发与利用提供技术保障，解决油气资源的海上输送、存储[29]等关键问题。

（2）复杂性

海洋油气勘探开发具有复杂性。海洋石油的开采属于复杂且难度较大的工程，主要体现在作业现场有大量的立体式与交叉式作业，也正因为其开采作业的复杂性[30]，所以其作业难度提升。

（3）高风险性

首先，海洋油气的勘探开发环境复杂。海上环境恶劣，地质条件复杂，极端天气频现，随着水深的增加，开发难度也逐渐加大。海水受风、浪、流的影响，还会对海上钻井平台产生冲击，如我国东海和南海每年都有 10 多次 12 级以上台风来袭，渤海北部海域每年冻冰期也都在 3 个月以上，冰厚达 50 cm，海冰的冲击力使平台不堪重负[14]。其次，海洋油气勘探开发的投资回报风险高。海洋油气勘探开发的投资巨大，其建设和生产都需大量资金投入，若在海上钻的勘探井并无开采油气价值，高投入将得不到有效回报。

一般来讲,海底的洋流运动会带来极大的冲击力,其力量之大会导致海底设置的石油输送管道弯曲损坏,给海洋石油企业带来损失。同时,由于在开采作业中,所开采的石油具备易燃、易爆特性,极易发生火灾[30],对于海洋石油的消防能力提出了巨大考验。

　　海洋石油开采设备的制作安装成本比较高,而且施工的技术含量大,工艺难度高[31],具有作业环境恶劣、作业风险大、投资风险大、容易造成海洋污染以及相关的救援工作开展难度大的特点。

　　（4）资金密集性

　　勘探海上油气资源时投资非常高,通常是陆上油田投资额度的好几倍[32]。例如,海上油田建设成本达到了陆地油田的 5～10 倍,每口勘探井的成本比陆地上高 3～10 倍。

　　建设一个中型的海上油田,投资将在 3 亿～6 亿美元,一个大型油田总投资将高达 20 亿～30 亿美元[15]。在海上打一口探井要投入千万美元,一座中心采油平台的建设需上亿美元。探寻一亿吨石油的资金投入基本在 2.5 亿美元左右,而陆上投资仅需 1.7 亿美元[32]。

## 2. 面临挑战

　　海洋石油工业准入门槛很高,在我国海洋石油发展的过程中潜在的挑战主要有两个:一方面,随着位于浅水、中深水大型油气田的相继开发,边际油气田、卫星油气田的开发将逐步提上日程;另一方面,我国深水区域具有丰富的油气资源,而深水恶劣的自然环境和油气田储藏条件决定了深海油气勘探开发具有很高的自然环境风险和作业风险[12]。

　　（1）复杂的环境条件

　　海洋气候复杂多变,海风、海浪以及海啸、海冰、潮汐、暗流等都会给海上钻采设备带来隐患,以上诸多因素的综合作用更是会对海洋石油的勘探开发工作造成较强的破坏性[30]。例如,海洋飓风强大的破坏能力能够直接掀翻钻井平台的设施,还会危及现场施工人员的生命安全;海浪的冲刷、潮汐的侵蚀、海底洋流的冲击不仅会腐蚀海洋钻井设备、运输管线,还会造成钻井设备的变形、损坏,缩短设备的工作寿命;在寒冷地带,大面积的海冰在海风以及潮流的影响下会发生运移,对钻井设备产生挤压力,在流冰活动期间,冰块撞击产生的冲击力会对钻井设备造成磨损;在冰层覆盖区,由于气温的变化会使冰层膨胀产生压力[31],这些都会影响钻井设备的正常工作。

我国海域"北冰南台"的环境特点,陆坡区滑塌、浅层气、浊流沉积等工程地质风险[13],内波、海底砂脊、砂坡等灾害环境,使深水工程设计、建造、施工面临更大挑战。

同时,由于石油钻采作业所产生的油、气等物质自身具有高压、易燃、易爆等属性,极易引发火灾、爆炸事故;此外,海洋油气田的地质条件比较复杂,可能存在海洋钻井地层风险[31](海洋钻井地层风险是在钻井的过程中遇到海底的一些特殊构造、复杂的岩层所造成的风险),极易引发各种井下工程事故。

（2）复杂油气藏的特性

我国油气藏物性差,突出特点是高黏度、高凝点、高含蜡和高胶质沥青质,同时也面临着高温、高压、高 $CO_2$ 等问题[12],这也是世界石油界所面临的难题。中国南海同美国墨西哥湾、英国北海并称全球三大高温高压海区,相较而言,中国南海的温度、压力更高,勘探开采任务也更为艰巨。中国南海地处应力集中区,地质状况极为复杂,最新钻井资料显示,地层最高温度为 249 ℃,压力系数最高达到了 2.38。

高温高压环境对钻井技术、钻井设备与工具、作业工艺等提出了更为严苛的要求,对人员能力也极具挑战性。钻井成本很高,且作业过程中地层压力窗口狭窄、控制难度高,极易诱发井壁失稳、溢流井漏、井喷甚至船毁人亡等事故;受地层中高含量 $CO_2$ 腐蚀影响,井筒泄漏风险及环空带压比例较高,稍有不慎就有可能给钻井平台造成毁灭性的灾难。

（3）海洋环境污染问题

海洋油气资源勘探开发活动不可避免地会对周边海洋生态环境造成一定程度的影响[33]。

在大型机械化设施建造和油气生产、运输等过程中,如若海床的稳定性遭到破坏,则会出现各种地质灾害;若区域海水性质因原油混杂海底泥浆的融入而改变,则会导致底栖生态环境遭受严重破坏,减少区域生态多样性,珊瑚、鱼虾等部分物种因难以适应而面临群体性死亡,甚至灭绝;若油气发生泄漏,海面油膜会隔绝海水与空气之间的水气交换,则会抑制海洋浮游生物的光合作用与生长,导致海洋生物链的破坏,严重影响区域生物生存,还会致使区域海水温度升高[34];由于富集作用的存在,在海洋循环过程中,污染物会持续影响区域生态环境。

海水污染不仅存在于远海区域,还会蔓延至近海,破坏海滨湿地等生态敏感区,污染临海土地和水域[34],导致渔业、航运业、旅游业等产业的损失。

由于石油属于不可再生资源,当优质油气资源开采完毕之后,部分石油公司出于成本控制考虑,直接将海上开采设施废置。废弃的设施长期受到自然侵蚀出现毁损,导致大量污染物流入海水之中,严重污染海洋环境[34]。

(4)海底管道运行安全

海洋环境的复杂性使海底管线在运行过程中承受自重、传送介质、设计内压、水外压等工作荷载,承受风、浪、流和地质运动等复杂环境荷载,以及受到人类作业活动的综合作用。尤其是深水海底高静压、低温环境(通常为4 ℃左右),对海上和水下结构物提出了严苛的要求,也给运行和工作在该环境下的连接各个卫星井、边际油田以及中心处理系统之间的从几千米、几十千米乃至数百千米的海底管线提出了更为严峻的考验。

实践表明,在深水油气输送管线中,由于多相流自身组成(含水、酸性物质等)、海底地势起伏、运行操作、悬跨共振等带来的问题[13],段塞流、析蜡、水化物、腐蚀、沙粒冲蚀、停输启动、清管等已经严重威胁生产与海底混输管线的安全运行,由此引起险情。

## 四 海上溢油风险及处置

长期以来,溢油事故是海洋环境方面关注的主要问题之一,海上溢油事故的发生,不仅造成了巨大的资源浪费和经济损失,而且直接破坏了海洋环境,事故对生态环境造成的影响往往需要十几年甚至几十年的时间来进行恢复。溢油事故给海洋环境带来的危害程度除了和泄漏量有关,往往还和溢出的油品类型、事故发生的地理位置、事故海域状况、事故船舶类型以及船舶设施等多种因素有关。这些因素是彼此依存、相互影响的,在分析溢油事件造成的影响时,仅分析某一特定的因素是远远不够的。同时,能否正确判定溢油事件的等级和评估危害程度,在很大程度上会直接影响事故应急策略的制定、人员的调动与协调、设备的调用以及应急处置的快捷性和有效性等。

20世纪70年代发生的石油泄漏事故次数是20世纪90年代的3倍左右。

然而，虽然大规模石油泄漏事故和小规模石油泄漏事故的发生频率都下降了，但是事故发生次数的多少并不代表石油泄漏量的多少。现在，在运输石油方面，越来越多地使用更大的超级油轮运输石油，通过国际海事组织发起的各项公约，全球许多国家在处理石油泄漏事故上都获得了技术、政治和法律方面的经验。

往往仅大型溢油事故会引起人们足够的关注，但一些小型的溢油事故时有发生。随着科技和管理的进步，人们在溢油事故的预防上做了大量的努力，如采用双体船壳增强船体的质量，制定标准的操作程序，开展正规的培训演练以及应急体系的转变等。但在海上溢油应急处置装备技术方面，整体的科研投入较少。到目前为止，尚未有完全有效的方法来处置海上溢油。大型海上溢油事故在国内受到重视不过 10 余年的时间，而在国际上这个行业却已经发展了 60 年，根据事故案例发生的时间估算，国际上大型海上溢油事故大概在遵循着 10 年的"发病周期"。

### （一）海上溢油来源

海洋溢油主要有天然来源和人为来源两种途径，按照国际海事组织的统计，年流入海洋环境的油类总量约为 235 万吨（1995 年），实际上这个泄漏量也是一个粗略的估计值，因为石油泄漏的实际量很难统计和测量。天然来源主要是由海底油气藏的油气渗漏和陆海空气转运所产生，如 2011 年渤海湾康菲石油泄漏事件和我国南海莺歌海盆地油气田就是通过泥火山逸散到海面的油气泡发现的。人为来源主要是海洋石油开采、加工和运输等过程中的各种溢油污染导致，如船舶的搁浅碰撞事故、海上钻井平台的井喷事故、海底输油管道的泄漏事故和近岸设施的石油泄漏事故等。据不完全估算，在进入海洋环境的石油中，自然溢流来源约占 8%，其余的 92% 则是人类活动造成的。由人类活动进入海洋的石油主要来自油轮和输油管道，它们大约占漏油总量的 70%，而近海钻井泄漏所占的比例相对较小，大多数石油泄漏事故的规模相对比较小，都由一些常规操作（如在港口或油库进行装卸等日常作业）引发。大型的海洋溢油污染事件大多为人为来源，如 2010 年美国墨西哥湾深水地平线溢油事故、海湾战争石油泄漏事件以及 1989 年阿拉斯加威廉王子湾的"埃克森•瓦尔迪兹"号油轮石油泄漏事故，油轮泄漏事故对脆弱的北极生态系统造成了前所未有的破坏。

在各种海洋溢油污染事故中,仅船舶的溢油污染事故是人们统计较全面、分析较细致的。海上石油运输在石油运输中占有重要地位,影响着全球经济和各国人民的生活,同时也使海洋环境面临严峻考验。近年来,海上石油运输量迅猛增长,油船等各种船舶的密度不断加大,重大海上船舶溢油事故不时发生,特别是油轮的碰撞和搁浅事故造成单次事件的溢油量较大,容易对海洋环境造成污染,随着网络通信技术的发展,近岸溢油事件更容易引起媒体和公众的关注。

### (二) 海上溢油后果

泄露的石油进入海洋后,往往会对海上渔业养殖、海洋野生动物以及海洋生态环境等造成一定程度的危害,而石油本身的毒性对海洋的危害往往需要几十年甚至更长时间才能消除。

#### 1. 溢油对鸟类的危害

海洋中的鸟类往往在溢油环境中遭受巨大的危害,尤其是潜水摄食的鸟类。由于溢油覆盖了海洋表面,并往往随着漂移和扩散作用抵达岸边海滩上。一方面,这种污染破坏了鸟类的筑巢区;另一方面,当以鱼类和海洋浮游生物为食的鸟类接触到油膜后,因羽毛沾满油污往往会失去保温、防水能力,并会用喙

图 1.15　羽毛沾满油污的海鸟

整理自己的羽毛,摄取一定的溢油,造成内脏的损伤,最终这些鸟类往往因为中毒、无法运动觅食、饥饿寒冷等而死亡(图 1.15)。在溢油事故发生时,从保护生态环境的角度往往需要配置专业的鸟类急救人员,采取科学的方法对鸟类进行急救。

#### 2. 溢油对海洋浮游生物的影响

浮游生物是最容易受污染的海洋初级生物,一方面,它们对油类的毒性特

别敏感,即使在溢油浓度很低的情况下它们也会被污染;另一方面,浮游生物与水体是连成一体的,海面浮油会被浮游生物大量吸收,并且它们不可能像海洋动物那样避开污染区。另外,海面油膜对阳光的遮蔽作用影响着浮游植物的光合作用,会使其腐败变质。变质的浮游植物以及细胞中进入碳氢化合物的藻类都会危及以浮游生物为食的海洋生物的生存[35]。一旦浮游生物受到污染,其他较高级的海洋生物也会受到威胁。如果在溢油海域喷洒溢油分散剂,并且该水域的海水交换能力差,那么,被分散的油对海洋生物的危害将更为严重。

### 3. 溢油对渔业的危害

在大多数情况下,海上溢油会漂浮在海面上,对深海和生活在海底的鱼类影响较小,因为这些鱼类较少会接触海面溢油,然而当溢油泄漏到浅水和封闭水域时,往往会对鱼类造成严重的影响(图 1.16)。溢油的类型会影响溢油对鱼类影响的严重程度。一些石油产品特别是轻质油会使鱼类造成急性中毒,特别是对幼鱼或产卵阶段的鱼类,而较重的油品可能产生的影响较小。为了人类身体健康,往往会对特定海域的捕鱼活动进行限制,禁止受溢油污染的鱼类流入市场。

图 1.16　溢油对鱼类的影响

### 4. 溢油对水产业的危害

养鱼场网箱里的鱼因不能逃离,受溢油污染后将不能食用。近岸养殖的扇贝、海带等也是如此。另外,用于养殖的网箱受油污染后很难清洁,只有更换才能彻底消除污染,其费用是十分昂贵的[36]。

### 5. 溢油对海洋哺乳动物的危害

石油将通过吸入、摄入和皮肤接触等途径影响海洋哺乳动物(图 1.17)。每一种途径都会引起一系列生理反应,这些反应可能会损害哺乳动物健康及其繁殖能力。对于海獭、海豹、海狮、海象和北极熊来说,石油最严重的健康威胁一是会导致体温过低,特别是那些主要依赖毛皮保温的物种;二是油中挥发性和剧毒的芳香成分会损害呼吸系统;三是通过食用受污染的食物摄入石油会损

害胃肠道。对于鲸鱼、海豚来说,如果它
们遇到新鲜油,最大的威胁是急性呼吸
损伤。对于一些物种来说,溢油的影响
具有季节性变化,因这些物种的种群在
繁殖季节、特定觅食地区或沿着历史性
迁徙路径移动时变得集中。考虑到石油
对海洋哺乳动物的诸多威胁,人类应该
谨慎地在北极、深海地区开采石油,这些

图 1.17　溢油威胁海洋哺乳动物的生存

地区长期以来是许多海洋哺乳动物的避难所。

### 6. 溢油对浅水域及岸线的影响

浅水域通常是海洋生物活动最集中的场所,如贝类、幼鱼、珊瑚等,也包括
海草层。该类水域对溢油污染异常敏感,如果在这类水域使用溢油分散剂,
造成的危害会更大。因此,当溢油污染会波及该类水域时,决策者的首选对
策应是如何避免污染,而不是等待污染
后再采取清除措施,更不适合使用分散
剂[36]。

溢油对沙滩岸线的污染威胁(图
1.18)直接影响旅游业。靠海滨浴场、沙
滩发展的旅游业是有季节性的,在溢油
发生的初始阶段首先要考虑这一问题,
以便及时地采取措施,把溢油对旅游业
的影响控制到最低程度。

图 1.18　溢油对沙滩岸线的污染

### 7. 溢油对码头、工业的危害

码头和游艇停泊区对溢油也是非常敏感的,通常情况下需要对港区水域进
行清理,这势必会影响船舶的进出港。要对被污染的游艇和船舶采取清洁措施,
这种操作的费用也是较高的。如果岸线设有工厂取水口,那么溢油就会进入工
厂设备系统,造成设备的毁坏,甚至造成工厂的关闭,盐业和海水淡化业等都会
受到溢油污染的直接危害,造成经济损失[36]。

溢油事故发生时,应立即采取应急措施保护这些资源。由于溢油对不同岸

线的影响是不同的,因此它们对溢油的敏感度也不同。溢油事故发生时,要根据各类岸线对溢油的敏感程度排列优先保护次序,以供决策者确定应急对策。溢油对环境的危害程度还与环境自身的特征有关。溢油发生地点是否为敏感区,溢油发生的季节是否为鱼类产卵期、收获期,不同的海况等,都影响溢油的危害程度。相同规模的溢油事故,发生在开阔水域要比发生在封闭水域的危害程度低;发生在海洋生物生长期要比发生在其产卵繁殖期的危害低。

### (三) 海上溢油事故分级

根据《海洋石油勘探开发溢油污染环境事件应急预案》,海洋石油勘探开发溢油污染环境事件分为特别重大、重大、较大、一般四级。

(1)特别重大溢油污染环境事件,是指溢油量 1 000 吨以上的海洋石油勘探开发溢油污染环境事件;或者溢油量 500 吨以上且可能污染敏感海域,或者可能造成重大国际影响、社会影响的海洋石油勘探开发溢油污染环境事件。

(2)重大溢油污染环境事件,是指溢油量 500 吨以上 1 000 吨以下,但不会污染敏感海域,不会造成重大国际影响、社会影响的海洋石油勘探开发溢油污染环境事件。

(3)较大溢油污染环境事件,是指溢油量 100 吨以上 500 吨以下的海洋石油勘探开发溢油污染环境事件。

(4)一般溢油污染环境事件,是指溢油量 1 吨以上 100 吨以下的海洋石油勘探开发溢油污染环境事件。

### (四) 海上溢油处置技术

为了清除泄漏的石油,人们必须投入大量的人力、物力,这是一个持续几个月甚至数年的庞大工程。溢油事故发生后的初期工作,首先要对现场的险情作出详细的分析与判断,通常先由现场应急小组处理,必要时通过应急联系方式向陆地应急救援指挥中心求助,其次找到原油泄漏的源头,并采取合理的措施切断溢油源,最后在污染物尚未扩大的情况下,对污染点进行围堵,减少原油污染面积。

清理泄漏的石油的方法第一种是机械回收法直接回收海面上的溢油。机械回收法的原理是先用围油栏收集浮油,再用撇油器回收溢油,被回收的溢油流入储油容器内保存。该方法主要用于浮油密集型区域,需要在海面平静的情况下迅速作业,可将环境的损害降到最小,但是回收效率受原油性质、海域环境等条件影响,回收率较低(通常为10%～20%)。几乎所有的漏油事故中都会采用机械回收,如在墨西哥湾漏油事件中动用了4 100千米的围油栏,上千台撇油器。第二种是焚烧法,如果操作得当的话,也可以用燃烧的方法来去除海面的石油,但这种方法必须在风速低的情况下使用,需要用防火围油栏将泄漏原油聚集,然后放火烧掉。该方法可以快速消除大量的石油,但是燃烧产生的气体及固体残渣都会造成二次污染。第三种是喷洒分散剂法,消油剂除油原理就像肥皂和洗发水,通过分子作用将浮油分解成微小的液滴(直径小于人类的头发),分解后的微小油水乳化物(一般潜在水体20～30 cm处)经过一段时间就可在微生物、光和热的作用下降解消失,然而,有时这些溶解于深海中的石油会向海水更深处渗透,并且会对海洋生物造成危害,因为它们仍是有毒的。消油剂广泛运用于海上泄漏事故的处理。首先,消油剂可以通过飞机喷洒,这样可以在最短的时间内到达原油泄漏的位置;其次,原油在水下泄漏时,消油剂可以直接下放到深水,防止石油到达海面;第三,消油剂不受恶劣天气的限制。另外,海面喷洒消油剂可以大面积消散浮油,阻止浮油蔓延到海岸线,使漂移轨迹免受风速的影响,但是它同样存在一些隐患:原油与消油剂结合会形成新的化学物质,可能影响近岸的生态环境,因此该方法在敏感区域、封闭水域及浅水区不适用,而适用于开阔、水流快、温度高的水域。第四种是生物修复法,生物修复是利用微生物或生物制剂来降解或去除海面石油的方法,这种方法很有效,但所需时间较长。第五种应对石油污染的方法就是等待。在某些情况下,石油的自然降解是最适当的方法,自然作用就像人体复杂强大的免疫系统,在面对溢油时会发挥强大的自我修复能力,包括生物降解、光氧化、挥发、溶解、沉降等,而且这种能力远远超过人类被动的清除能力。因为其他方法都具有一定的潜在危害性,尤其是对于生态环境脆弱的地区来说。石油泄漏事故后采取的救援措施大有争议,使用有些方法(如使用大型重型设备清除)的后果会比石油污染更糟,这种情况已经在"埃克森•瓦尔迪兹"号油轮石油泄漏事故发生之后的处理过程中发现了。然而,石油公司如果采取什么都不做而等待石油自然降解的方法的话,便会引起严重的公共关系问题。

**参考文献**

[1] 王能全. 基本面主导2023年国际石油市场[N]. 北京：石油商报，2023-2-2（6）.

[2] IEA. Oil Market Report-April 2023[R]. PARIS：IEA，2023.

[3] 苏斌，冯连勇，王思聪，牛燕. 世界海洋石油工业现状和发展趋势[J]. 中国石油企业，2006（Z1）：138-141.

[4] BP. Bp Energy Outlook 2023 Edition[R]. London：BP，2023.

[5] 佚名. 潜入蓝海擒蛟龙[N]. 北京：中国石油报，2017-12-11（4）.

[6] 潘继平，张大伟，岳来群，王越，胡玮. 全球海洋油气勘探开发状况与发展趋势[J]. 中国矿业，2006，15（11）：1-4.

[7] Westwood Global Energy Group. Weekly Offshore Rig Counts[R]. London：Westwood Global Energy Group，2023.

[8] 李清平. 我国海洋深水油气开发面临的挑战[J]. 中国海上油气，2006，18（2）：130-133.

[9] 张业圣，李志卫. 海洋石油用管的发展现状和前景展望[J]. 钢管，2009，38（5）：1-10.

[10] 侯锦平，全球深水油气资源发展进入新阶段[J]. 能源，2022（12）：47-49.

[11] 网易. 探测海洋油气资源之路[EB/OL]. https：//www. 163. com/dy/article/HKMVK4430512A4OA. html，2022-10-27.

[12] 李宁，曾恒一，李清平. 海洋石油工业的现状与挑战[J]. 2005年中国船舶工业发展论坛论文集，2005（2）：61-66.

[13] 周守为，李清平，朱海山，张厚和，付强，张理. 海洋能源勘探开发技术现状与展望[J]. 中国工程科学，2016，18（2）：19-31.

[14] 张蕾，贾宁. 海洋油气资源的勘探与开发[J]. 石化技术，2017，24（3）：116.

[15] 戴路. 海洋油气业从无到有蓬勃兴起[N]. 北京：中国海洋报，2009-9-4（3）.

[16] 钟韵偲. 1979：石油下海 [J]. 中国石油石化，2018（8）：71-77.

[17] 张飞虎，李萌苏. "不惑"海油归来仍少年 [J]. 中国石油企业，2022（4）：54-57.

[18] 明轩. 海洋石油工业发展的回顾与展望 [J]. 石油企业管理，1999（9）：17-19.

[19] 石斑. 海洋石油工业的回顾与发展 [J]. 中国能源，1992（10）：1-3.

[20] 钟海轩. 挺进海洋 [J]. 中国石油石化，2021（5）：46-47.

[21] 苏丕波，梁金强，张伟，刘坊，王飞飞，李廷微，王笑雪，王力峰. 南海北部神狐海域天然气水合物成藏系统 [J]. 天然气工业，2020，40（8）：77-89.

[22] 王一端，闫建文，李中，王长会，崔玉波. "海上大庆"与创新体系 [J]. 石油知识，2021（6）：6-7.

[23] 吴莉. 四十载不平凡 立潮头再出发——写在中国海洋石油集团有限公司成立 40 周年之际 [N]. 北京：中国能源报，2022-04-25（1）.

[24] 佚名. 记者述评：大步出海 [N]. 北京：国企管理，2018（20）.

[25] 王一端，闫建文，李中，王长会，崔玉波. "深水战略"与南海探宝 [J]. 石油知识，2021（6）：7-8.

[26] 周守为，李清平. 开发海洋能源，建设海洋强国 [J]. 科技导报，2020，38（14）：17-26.

[27] 王璐. 中国海油：实现深水油气开发新跨越 [J]. 经济参考报，2022（4）：1-5.

[28] 中国海洋石油集团有限公司党组. 海油四十，开拓创新潮头立 [J]. 中国石油石化，2022（11）：15-17+14.

[29] 丁胜，王吉龙，李耀琳. 我国海洋石油钻井技术及装备发展探讨 [J]. 石化技术，2022，29（11）：209-211.

[30] 王茂艺. 海洋石油安全管理模式及特点研究分析 [J]. 中国石油和化工标准与质量，2019，39（9）：85-86.

[31] 陈明若. 海洋石油安全管理模式及特点研究分析 [J]. 化工管理. 2014（18）：26-27.

[32] 宋君妍，许朝旭. 海洋石油工业现状和发展趋势分析 [J]. 中国科技

信息,2022(15):1-2.

[33] 尤启明,郭静,尹晓娜,邓媛媛. 新形势下渤海油气田开发面临的环保挑战与思考[J]. 山东化工. 2021,50(11):264-265.

[34] 李天越. 海上石油开采带来的环境问题及解决对策[J]. 中国石油和化工标准与质量. 2022,42(10):108-110.

[35] 张甜甜. 海上溢油威胁度及处置技术评估[D]. 大连理工大学,2014.

[36] 郭焯民,李新福. 近岸滩涂石油设施溢油风险控制[J]. 科技创新导报,2008(35):51-52.

## 一 船舶溢油事故

在船舶溢油事故方面，国际油轮船东防污染联合会（ITOPF）维护着一个油轮溢油数据库，包括浮式生产储油轮和油驳船，其中包含了 1970 年以来意外泄漏事故的信息，但不包括战争行为造成的漏油。数据库里的信息包括漏油的类型、数量、事故发生的原因和位置以及涉及的船只。事故按照溢油量的规模进行分类，即小型（小于 7 吨）、中型（7～700 吨）和大型（大于 700 吨），信息收集于多条渠道，包括航运和其他专业出版物以及船主、保险公司和 ITOPF 自身在事故中的经验。然而，从公开资料获得的信息往往与大型的溢油事故有关，这些泄漏通常由碰撞、搁浅、结构损坏、火灾或爆炸造成，对于占大多数的小型漏油事故却难以得到可靠的数据资料。

据统计（表 2.1），2022 年全球 7 吨以上的船舶石油泄漏事故有 7 起，其中有 3 起事故造成的石油泄漏量超过 700 吨，泄漏总量约为 15 000 吨，与 2010 年以来的每年事故数量基本持平，但与 2010 年之前的事故数量相比有着大幅的下降。

在过去 50 年中，油轮漏油的事件数量显著减少，自 1970 年以来，超过 7 吨的泄漏事件数量减少了 90% 以上。值得注意的是，在过去的 10 余年中事件数量维持在一个较低水平，反映了航运业安全水平的大幅提高。

表 2.1　船舶溢油事件数量年度统计

| 年代 | 年份 | 7～700 吨 | 700 吨以上 |
|---|---|---|---|
| 1970s | 1970 | 7 | 29 |
| | 1971 | 18 | 14 |
| | 1972 | 48 | 27 |
| | 1973 | 28 | 31 |
| | 1974 | 90 | 27 |
| | 1975 | 96 | 20 |
| | 1976 | 67 | 26 |
| | 1977 | 70 | 16 |
| | 1978 | 59 | 23 |
| | 1979 | 60 | 32 |
| | 年平均 | 54.3 | 24.5 |
| | 总计 | 543 | 245 |
| 1980s | 1980 | 52 | 13 |
| | 1981 | 54 | 7 |
| | 1982 | 46 | 4 |
| | 1983 | 52 | 13 |
| | 1984 | 26 | 8 |
| | 1985 | 33 | 8 |
| | 1986 | 27 | 7 |
| | 1987 | 27 | 11 |
| | 1988 | 11 | 10 |
| | 1989 | 32 | 13 |
| | 年平均 | 36 | 9.4 |
| | 总计 | 360 | 94 |
| 1990s | 1990 | 50 | 14 |
| | 1991 | 30 | 7 |
| | 1992 | 31 | 10 |
| | 1993 | 31 | 11 |

续表

| 年代 | 年份 | 7～700 吨 | 700 吨以上 |
|---|---|---|---|
| | 1994 | 26 | 9 |
| | 1995 | 20 | 3 |
| | 1996 | 20 | 3 |
| | 1997 | 28 | 10 |
| | 1998 | 25 | 5 |
| | 1999 | 20 | 5 |
| | 年平均 | 28.1 | 7.7 |
| | 总计 | 281 | 77 |
| 2000s | 2000 | 21 | 4 |
| | 2001 | 18 | 3 |
| | 2002 | 11 | 3 |
| | 2003 | 19 | 4 |
| | 2004 | 20 | 5 |
| | 2005 | 22 | 3 |
| | 2006 | 12 | 4 |
| | 2007 | 12 | 3 |
| | 2008 | 7 | 1 |
| | 2009 | 7 | 2 |
| | 年平均 | 14.9 | 3.2 |
| | 总计 | 149 | 32 |
| 2010s | 2010 | 5 | 4 |
| | 2011 | 4 | 1 |
| | 2012 | 7 | 0 |
| | 2013 | 5 | 3 |
| | 2014 | 4 | 1 |
| | 2015 | 6 | 2 |
| | 2016 | 4 | 1 |
| | 2017 | 4 | 2 |

| 年代 | 年份 | 7～700 吨 | 700 吨以上 |
|------|------|-----------|------------|
|  | 2018 | 4 | 3 |
|  | 2019 | 2 | 1 |
|  | 年平均 | 4.5 | 1.8 |
|  | 总计 | 45 | 18 |
| 2020s | 2020 | 4 | 0 |
|  | 2021 | 5 | 1 |
|  | 2022 | 4 | 3 |
|  | 年平均 | 13 | 1.3 |
|  | 总计 | 4.3 | 4 |

从 1970 年到 2022 年，全球油轮事故共造成约 588 万吨的石油泄漏量，然而，几十年来，石油泄漏量正在大幅减少，目前事故中的石油泄漏量只占每年海上运输石油总量的一小部分，99.9％的海运船舶都会安全抵达目的地（表 2.2）。

表 2.2　船舶泄漏量年度统计

| 年代 | 年份 | 泄漏量（吨） |
|------|------|--------------|
| 1970s | 1970 | 383 000 |
|  | 1971 | 144 000 |
|  | 1972 | 313 000 |
|  | 1973 | 159 000 |
|  | 1974 | 174 000 |
|  | 1975 | 352 000 |
|  | 1976 | 365 000 |
|  | 1977 | 276 000 |
|  | 1978 | 393 000 |
|  | 1979 | 636 000 |
|  | 总计 | 3195 000 |
| 1980s | 1980 | 206 000 |
|  | 1981 | 48 000 |

续表

| 年代 | 年份 | 泄漏量（吨） |
|---|---|---|
|  | 1982 | 12 000 |
|  | 1983 | 384 000 |
|  | 1984 | 29 000 |
|  | 1985 | 85 000 |
|  | 1986 | 19 000 |
|  | 1987 | 38 000 |
|  | 1988 | 190 000 |
|  | 1989 | 164 000 |
|  | 总计 | 1 175 000 |
| 1990s | 1990 | 61 000 |
|  | 1991 | 431 000 |
|  | 1992 | 167 000 |
|  | 1993 | 140 000 |
|  | 1994 | 130 000 |
|  | 1995 | 12 000 |
|  | 1996 | 80 000 |
|  | 1997 | 72 000 |
|  | 1998 | 13 000 |
|  | 1999 | 28 000 |
|  | 总计 | 1 134 000 |
| 2000s | 2000 | 14 000 |
|  | 2001 | 9 000 |
|  | 2002 | 66 000 |
|  | 2003 | 43 000 |
|  | 2004 | 17 000 |
|  | 2005 | 15 000 |
|  | 2006 | 12 000 |
|  | 2007 | 15 000 |

续表

| 年代 | 年份 | 泄漏量（吨） |
|---|---|---|
| | 2008 | 2 000 |
| | 2009 | 3 000 |
| | 总计 | 196 000 |
| 2010s | 2010 | 12 000 |
| | 2011 | 2 000 |
| | 2012 | 1 000 |
| | 2013 | 7 000 |
| | 2014 | 5 000 |
| | 2015 | 7 000 |
| | 2016 | 6 000 |
| | 2017 | 7 000 |
| | 2018 | 116 000 |
| | 2019 | 1 000 |
| | 总计 | 164 000 |
| 2020s | 2020 | 1 000 |
| | 2021 | 10 000 |
| | 2022 | 15 000 |
| | 总计 | 26 000 |

在过去的半个世纪中,油轮泄漏量超过7吨的统计数据显示出明显的下降趋势。如图2.1所示,20世纪70年代,每年的平均泄漏次数约为79次,2010年减少了90%以上,降为6次,之后每年的石油泄漏年平均数有轻微的波动。

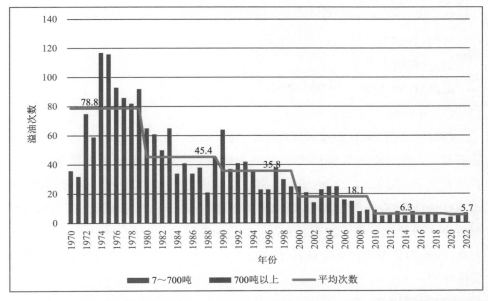

图 2.1　1970—2022 年中型( 7 ~ 700 吨 )和大型( 700 吨以上 )船舶溢油事件数量

　　引起船舶溢油事故的原因和情况各不相同,由于很难获得小型泄漏事故的统计数据,原因分析大多针对溢油量大于 7 吨的泄漏事故,其主要原因包括碰撞、搁浅、船体故障、设备故障、火灾爆炸、其他以及不明原因,其他因素主要包括恶劣天气和人为失误,泄漏事故现场无法获得相关信息的事件称之为不明原因。由统计分析可知,1970 年至 2022 年期间记录的大多数石油泄漏(>7 吨)都是由碰撞和搁浅原因造成的(图 2.2)。

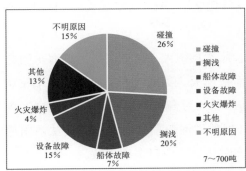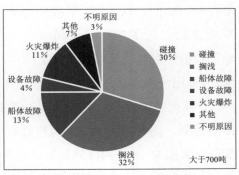

图 2.2　1970—2022 年油轮溢油原因饼状图

### 1. "Torrey Canyon"号油轮溢油事件

时间：1967年

地点：英国

溢油量：80 000～119 000吨

（1）事件概况

1967年3月，来自科威特满载12万吨原油的"Torrey Canyon"号（托雷·卡尼翁号）巨型油轮在英国沿海英吉利海峡康沃尔附近海域暗礁区触礁断裂并搁浅沉没（图2.3），这艘当时号称吨位最大的油轮的搁浅与沉没，导致了80 000～119 000吨原油泄漏，造成英国南海岸、法国北海岸和荷兰西海岸大面积污染。经过事故调查发现，"Torrey Canyon"号油轮的船长应对这次事故负全责，船长为了节省时间而选择了走近路前往米尔福德港，是导致油轮触礁的直接原因。

（2）处置过程

由于当时溢油应急在制度、技术、赔偿等方面的缺失，整个事件对英法两国造成了非常严重的自然与经济损失。当时还没有有效的海上围控回收技术，也没有专业有效的消油剂，而是喷洒了大量高毒性洗涤剂进入水体。同时，英国政府为了减少泄漏原油对海洋环境造成的污染，派出皇家海军航空兵和皇家空军的飞机炸沉了"Torrey Canyon"号油

图2.3 "Torrey Canyon"号搁浅溢油事故

轮的残骸并引燃了泄漏在海面上的原油，原本预想大火可以烧尽污染海水的原油，但却由于海水涨落潮和海浪的作用而被熄灭。英国政府共投掷了161枚炸弹、16枚火箭弹、1 500吨凝固汽油弹和超过4万升航空煤油用于处理这次事故的污染。然后，船东破产后，也没有合理的溢油赔偿制度来补偿英法两国遭受的巨大损失，英法两国只有签订自愿临时协议来应对本次事故。

这次油轮溢油事件引起了世界各国对海洋环境问题的关注，它使国际社会更加重视制定防止海洋石油污染的法规。于是，1969年在布鲁塞尔相继通过了《关于干预公海上石油污染事故的国际公约》和《关于石油污染损害民事责

任的国际公约》，这两项国际公约对国际海洋环境法的发展具有划时代的意义。同时，国际海事协商组织拟订了发展机械回收装置的长期计划，并且苏联、日本和欧美各国也纷纷加紧研制应急装备。从这一事件之后，公众第一次认识到海运石油及其相关产品对海洋环境造成的威胁，人类开始真正正视大型海上溢油事故。

### 2."Atlantic Empress"号油轮溢油事件

时间：1979 年

地点：加勒比海南部

溢油量：约 27.6 万吨

（1）事件概况

1979 年 7 月，在大雨和浓雾中，受强热带风暴袭击，一艘装载 27.6 万吨原油的"Atlantic Empress"号（大西洋皇后号）希腊油轮与一艘装载 20 万吨原油的"Aegean Captain"号（爱琴海船长号）油轮在多巴哥海岸附近的加勒比海相撞并导致爆炸，造

图2.4　"Atlantic Empress"号油轮溢油事故

成 27.6 万吨原油泄漏入海，26 名船员死亡，成了迄今历史上最严重的油轮漏油事故（图 2.4）。

碰撞发生时，"Atlantic Empress"号正从沙特阿拉伯驶往得克萨斯州博蒙特，船上载有美孚石油公司所拥有的轻质原油，"Aegean Captain"号正从阿鲁巴驶往新加坡。在大雨和浓雾中，两艘船直到相距 550 米时才看到对方。"Aegean Captain"号油轮随即改变了航向，但为时已晚，7 月 19 日晚上 7 点 15 分，两艘船相撞，船上发生了大火。7 月 24 日，即碰撞发生一周后，"Atlantic Empress"号仍在燃烧，伴随着爆炸，爆炸导致石油泄漏量增加，在 8 月 3 日，"Atlantic Empress"号油轮最终沉没。

（2）处置过程

"Aegean Captain"号的船员利用船上的消防设施扑灭了自身船舶的火

情,随后该船被拖往了库拉索岛,然后进行了船舶货油的卸载,拖带过程中"Aegean Captain"号泄漏了少量的溢油,由另一艘拖轮喷洒消油剂进行处理。

而对于一直在燃烧的"Atlantic Empress"号油轮被拖向了公海,并在拖带的过程中进行消防灭火,对沿程泄漏的石油进行喷洒消油剂。8月2日,船舶开始倾斜,石油泄漏速度越来越快,随后拖绳被释放,停止了拖带。大量泄漏的石油被大火燃烧掉。8月3日,油轮沉没后海面上只剩下浮油,进行了喷洒消油剂的处理。附近的岛屿没有受到严重的溢油污染,受当时条件的限制,针对此次事故溢油的影响便没有做进一步的调查。

### 3."Exxon Valdez"号油轮溢油事件

时间:1989年

地点:美国阿拉斯加州

溢油量:约4.1万立方米

**(1)事件概况**

1989年3月24日,"Exxon Valdez"号(埃克森·瓦尔迪兹号)油轮撞上了阿拉斯加威廉王子湾的布莱礁(图2.5),造成约4.1万立方米的原油泄漏事故,相当于17个奥林匹克标准游泳池大小。当时,这艘油轮在航道上撞上了冰山,船长黑兹尔伍德(Hazelwood)命令舵手驶离航道避开冰山,之后他将油轮的指挥权交给三副并指示油轮到一定位置时要返回航道。但是因为油轮未能足够快速地返回航道,最终搁浅了。石油泄漏事故发生的最初一段时间,大部分泄漏的石油都集中在布莱岛附近一带,然而当时埃克森公司并没有对其组织有效的清理行动。3月26日,一场风速超过每小时113千米的风暴将这些石油吹成泡沫状和焦油球,并将其污染扩散到了更大的区域。到3月30日,泄漏的石油已经覆盖了145千米的海域。而且,石油泄漏事故发生在一年中潮汐涨落接近5.5米的时候,这使得泄漏出来的石油蔓延到远高于正常波浪作用区域的海岸线上。石油最终覆盖了2 092千米的海岸线和28 490平方千米的海域。2 092千米的海岸线中有322千米被中度或重度污染(十分明显),1 770千米的海岸线处于轻度或非常轻度污染的状态(表现出轻微的光泽,偶尔可见焦油球)。这次漏油事故造成大约28万只海鸟死亡,成批海鸟被困在油污中,它们的羽毛一旦沾上油污,就可能中毒或死亡,由于鸟类浮在布满原油的海面上,其羽毛黏结在一起,使其无法觅食及飞行,因此很快便饿死或是因无法飞起而沉入海底。如果以泄漏量来计算的话,这是当时美国历史上最大的石油泄漏事故。除此之外,由于威廉王子湾地处偏远,只有飞机和船舶可以到达,这也使得来自政府和社会的救助变得困难且缓慢。

美国国家运输安全委员会(National Transportation Safety Board)调查了这次事故并找到了相关原因,列举如下:

① 三副没有正确地操作船舶,可能是由于疲劳和工作量过大;

② 船长没有给予正确的航行指导,这可能是他醉酒所致;

③ 埃克森航运公司没有对船长进行监督,也没有为船舶提供全套人员配备;

④ 美国海岸警卫队没有提供有效的船舶交通系统;

⑤ 缺乏有效的领航和护航服务。

(2)处置过程

1989年3月25日到28日,地方响应工作队先后5次尝试使用分散剂来处理这些泄漏出来的石油。但到3月29日,地方响应工作队认为使用分散剂处理已不再可行。美国联邦政府、州政府和地方机构一致决定应最先考虑保护鱼苗孵化场和鲑鱼流。为了保护这些区域,人们在污染情况较严重的区域设置了围油栏这种物理屏障以将这些区域隔开,围油栏长约161千米。在这次事故中大范围使用的几乎所有类型的围油栏都是经过测试之后才投入使用的。考虑到这次石油泄漏事故之严重与事态之紧急,有关部门不得不雇用一些没有相关经验的工人去安置围油栏,这导致一部分围油栏被错误地使用,甚至因为相关人员错误的操作而被毁坏。露天收集海面泄漏的石油的方法首选撇油器,但是一般来说,在海面泄漏的石油已经扩散、乳化,或是与海洋垃圾混合之后,撇油器用处就显得不那么大了。在机械方法行不通的时候,人们采用吸附剂来吸收海面上泄漏的石油。吸附剂吸油法需要大量的劳动力且会产生大量的固体废物,人们要使用大量的吸附剂来吸收海面上的石油,随着涨潮,这些吸附剂也会吸收海滩上的石油。

这次石油泄漏事故的后续清理工作经过了4个夏天才结束(图2.5)。出于对这次污染事故的重视,清理工作动用的人员超过11 000名,装备超过了1 400艘船舶和85架飞机。这次事故所污染的海滩并没有全部被清理干净,有些海滩如今依然饱受那次事故带来的石油污染问题的影响。人们普遍认为,冬季风暴产生的波浪在这次清理工作中所起的作用(将石油带到别处)要比人类所起的作用大得多。埃克森公司宣称它在这次事故的后续清理工作中大约花费了21亿美金,尝试使用了许多新技术。人们在一部分受影响的海滩上也尝试使用了分散剂,如在锭岛尝试使用 Corexit®7664 分散剂,随后用温水冲洗。然而使用分散剂后污染状况并没有明显改善,石油的物理状态也没有改变。有人尝试

图2.5　从"Exxon Valdez"号油轮上抽油的油轮

用一排消防水带喷出的高压冷水和热水冲洗海滩上的原油,水流会将漂浮的石油冲离海岸,把石油困在几层围油栏内,随后这些石油会被捞起来、吸起来或是用特殊的石油吸附物质吸附。后来人们发现热水会对沙滩造成比石油污染更严重的问题,如高温会杀死沙子里的一些小生物,所以随后停止了使用热水。在一些海滩也使用了机械清理方法,他们用反铲和其他的重型设备来犁海滩,将渗透到海滩地表下的石油翻出来以便清除。另外,许多海滩都通过"施肥"的方式来加快微生物的生长,让这些微生物来代谢或降解石油中的碳氢化合物。这种生物修复方法在20世纪90年代得到了广泛应用,当时有378处海滩通过给微生物"施肥"来加快生物修复进程。为了验证这种方法的可行性,人们对其中20多处海滩进行了监测。结果显示,石油的降解速度确实加快了,但也有人认为,石油降解速度的加快完全是或主要是因为给微生物"施肥"的结论还有待商榷。在污染石油所形成的油层不是很厚的海滩上,生物修复方法还是可行的。这种方法也可以配合少量的溶剂和化学药剂来使用。一项重要的观察结果是自然清洗过程通常对降解石油非常有效,而一些使用了对环境有害的清理方法(尤其是热水冲洗)的海滩,从使用这些方法的伤害中恢复过来的时间要比从石油污染中恢复过来的时间还要长。海底沉积物中依然会残留相当数量的石油,即便是15年之后受到当年那次石油泄漏事故影响的鱼类和野生

动物仍没有完全恢复。

现今，美国海岸警卫队通过卫星对那些进出瓦尔迪兹海峡、通过布莱岛和出入威廉王子湾的油轮进行了严密的监控。1989 年，海岸警卫队只监管那些通过瓦尔迪兹海峡和半岛的油轮。1990 年，美国国会通过了一项法案，规定 2015 年前所有经过威廉王子湾的油轮都必须具备双层船壳。据估计，如果当时"Exxon Valdez"号具有双层船壳的话，泄漏的石油量将减少一半以上。"Exxon Valdez"号超大型油轮漏油事故发生 20 年后，在阿拉斯加遍布石块的海岸上仍然存在残油。漏油事故告诉我们，漏油的彻底清理是困难的，它可能潜伏于不易发现之处，对动植物的损害可长达数十年。

### 4. "ABT Summer"号油轮溢油事件

时间：1991 年

地点：大西洋公海

溢油量：约 26 万吨

（1）事件概况

1991 年 5 月 28 日，"ABT Summer"号油轮在满载伊朗原油驶向荷兰鹿特丹港的途中，突然起火爆炸，导致该船 26 万吨原油泄漏（图 2.6）。当时它距离安哥拉海岸约 1 300 千米，在约 210 平方千米的海面上留下了可见的浮油，油轮在接下来的三天里一直燃烧，直到 6 月 1 日船体沉没，船上 32 名船员中的 5 人死亡。

（2）处置过程

由于事故发生在公海，没有立即展开大规模的救援行动，因此无法获得有关此次爆炸事故的更多信息，爆炸的原因至今无法解释。而泄漏于公海的石油易于被分散，大部分泄漏的石油也被焚烧掉，从而将对海洋环境的影响降至最低。

图 2.6　"ABT Summer"号油轮溢油事故

### 5."Erika"号油轮溢油事件

时间:1999 年

地点:法国

溢油量:15 000～25 000 吨

(1)事件概况

"Erika"号(埃利卡号)油轮是一艘在"马尔他"注册的油轮。属 GIUSEPPE SAVARESE 公司拥有,载重为 37 280 吨,当时租给在百慕大群岛注册的 TOTA FINA 公司。1999 年 12 月 8 日,"Erika"号油轮载有约 31 000 吨燃油,离开法国的 DUNKIRK 港,驶往意大利的 LIVORON 港。

12 月 11 日,船长的回忆表明船舶在进入法国比斯开湾时船舶已向右舷倾斜。当天 14:08 时,船长发出"求救电文";15:15 时,船长把求救电文更改为"安全电文";16:25 时,船长经过调整后,船舶正浮(不再倾斜),取消了"安全电文"。经联系岸上相关人员后船长决定驶住法国避难港——DONGES。12 月 12 日,船舶又向右倾斜;06:20 时,向右倾斜的情况恶化,船长第二次发出求救电文;07:00 时,二架救助直升机到达现场拍照,从表面上查看,船舶没有明显的变形或损坏。同日 08:20 时,Erika 船舶在法国沿岸断裂沉没,溢油量 15 000～25 000 吨,造成极大的油污事故,约有 400 千米长的法国海岸线受到燃油的污染和 30 万只海鸟受到伤害或死亡[1](图 2.7)。

图 2.7 "Erika"号油轮溢油事故

(2)处置过程

12 月 12 日下午 6 时,大西洋海事长官启动了波尔马海溢油应急计划。12 月 13 日,法国海军将两艘装载溢油应急处置资源的深海支援船置于待命状态,以便在天气条件允许的情况下尽快进行溢油处置,同时他们还展开讨论以调动《波恩协定》成员国的溢油应急资源。但由于恶劣天气的影响,法国海军大部分的措施只是利用飞机对溢油的状态进行跟踪监测,12 月 26 日,大部分的溢油漂移上岸,黏稠的油层厚达 5～30 厘米,进行了大量的人工清理。

"Erika"号油轮溢油事故促使国际公约提高油污损害赔偿限额,提高船舶安全标准;推动欧盟健全海洋环境保护政策和法律,加强欧盟及其沿海国对船舶安全的监管;促使法国法院适用国内法认定相关主体承担刑事责任,且不能依据国际公约的规定免除责任主体的民事赔偿责任。虽然在"Exxon Valdez"号油轮之后取消了单层船舶,为朝着正确的方向做好了开端,但在"Erika"号油轮溢油事故之后,人们齐心地努力将这一规定迅速推进。

### 6. "Prestige"号油轮溢油事件

时间:2002 年

地点:西班牙

溢油量:约 76 000 吨

（1）事件概况

2002 年 11 月 13 日,一艘挂有巴哈马国旗的油轮"Prestige"号（威望号）从拉脱维亚驶往直布罗陀海峡,在途经西班牙加利西亚省海域时,遭遇强风暴,由于油轮过于陈旧,在强风和巨浪的侵袭下失去控制,在距加利西亚省海岸9千米处搁浅（图2.8）。随后,船体裂开一个

图2.8　"Prestige"号油轮沉没溢油事故

35 米长的大裂口,燃料油大量外泄,再后来,船体断裂成两半,相继在距西班牙海岸约 150 海里处断裂沉没在 3 500 米水深的海底。据一位参与救援的官员称在污染最严重的海域泄漏的燃油有38.1厘米厚,溢油量约 76 000 吨,污染了加利西亚地区长达 400 千米的海岸线[2]。"Prestige"号油轮事件发生之后,国际上欧盟方面已经提出了相当多的动议,而一些国家也都制定了不少独立的政策和措施。

（2）处置过程

事故发生的几天内,天气状况非常恶劣,海上风力 8 级,阵风 9 级,浪高达6 米,海上溢油应急反应行动受到限制,西班牙负责方制定了应急反应计划,准备并调集了国内所有溢油应急响应公司的围油栏、撇油器、海上溢油回收船舶

以及人力等资源,处于待命状态。同时,为了溢油应急反应决策合理有效,启用了卫星监视、航空监视溢油漂移情况,使用溢油模型预测溢油漂移轨迹,依据溢油漂移的方向,评估分析了溢油污染风险大的敏感资源区域和溢油应急反应力量的需求,在向欧洲其他国家申请应急援助的同时,开始采取保护敏感资源的措施。

在溢油发生后的几天,海上溢油应急反应受到大风大浪影响,使来自西班牙、法国、荷兰和英国的溢油回收船舶被迫停留在港内,不能进行海上回收作业。而来自西班牙政府、加利西亚政府和海军的人员与国内外溢油应急响应公司共同工作,在污染风险大、敏感资源重要的岸线布放了围油栏,以便保护敏感资源,并在一片湿地的入口处堆起了一个沙坝,对湿地加以保护。

11 月 18 日,海况天气情况好转,西班牙溢油应急响应公司开始对受溢油污染最严重地区的岸线进行溢油清除,主要使用真空泵将溢油吸起来,然后泵到运输车辆上运走。随着溢油的乳化,黏度变大,岸线上的溢油很难用泵进行回收,因此,岸线清除作业仍以手工方式为主,并持续有序地进行,指挥官将参加人工岸线清除的 935 人分成 38 个小组,并分布在 38 个溢油回收地点进行作业。据报道,到 2003 年 1 月底,沉没在 3 500 米深海底的"Prestige"轮,仍然以每天 2 吨的速率漏油,旅游岸线和公共场所仍在继续进行着清除行动。

在"Prestige"油轮事件之后,2003 年 10 月 1 日,欧洲议会通过了欧盟理事会于 2003 年 7 月 22 日制定的第 1726/2003 号法令,该法令修改了欧盟理事会第 417/2002 号关于加快推广双壳油轮或者对单壳油轮进行相应改造的设计要求的法令,确立了新的欧洲海上安全政策。与以前的法律相比,它作出了下列三处重大修改:① 禁止单壳油轮运输重油;② 加速推行清除单壳油轮计划;③ 对 15 年以上船龄油轮进入欧盟各口岸规定了更多的必须满足的条件[3]。

### 7."河北精神"轮溢油事故

时间:2007 年

地点:韩国

溢油量:约 10 810 吨

(1)事件概况

2007 年 12 月 7 日,一艘在香港注册的三星重工公司所属的"河北精神"号油船停泊在韩国西海岸泰安海域,船上满载中东原油,正在等待进港(图

2.9）。上午 7 点 15 分左右，一条搭载着海上起重机的 1.1 万吨拖船由于牵引索断裂撞上停泊的"河北精神"号油船，导致该轮左舷水线上 2～3 米处的第 1、3、5 三个油舱破损，5 号油舱破损 200×160 厘米，3 号油舱破损 160×10 厘米，1 号油舱破损 30×3 厘米，造成 1.05 万吨原油泄漏入海。事故地点位于韩国忠清南道泰安郡万里浦西北方向约 6 海里处，该位置距我国威海石岛约 210 海里，距成山头约 200 海里，距青岛约 320 海里。事故导致海岸线污染约 70 公里、101 个岛屿、340 平方千米海洋生物养殖区、40 000 户家庭遭受影响，水产业、旅游业等蒙受巨大经济损失。该起事故是韩国有史以来最大的一次溢油事故。

图 2.9　"河北精神"号油轮

（2）处置过程

事发后，韩国启动了国家应急计划，依据应急计划，韩国海洋警察厅专员在泰安郡海洋警察署成立了海洋污染反应和对策中心，由韩国海洋警察厅、自然资源部、交通运输部和海洋事务部、军队、警察、消防队、地方政府等行政管理机构组成。专员作为国家现场协调员，对抵御污染和减轻后果的反应行动进行全面管理，动用了一切应急力量和资源，包括韩国海洋警察厅、韩国海洋环境管理公司和 21 个私人应急反应公司的船舶和设施。

在面对发生的特大溢油事故时，韩国政府在充分评估本国应急能力和应急资源短缺的情况下，于 12 月 10 日启动了中、日、韩、俄四国共同签订的《西北太平洋区域溢油应急计划》，并通过外交渠道向我国政府正式提出清污援助请求。中国政府对此高度重视，立即组织援助行动，12 月 15 日上午，交通运输部紧急调用了 33.14 吨吸油毡，由"新金桥 5 号"轮顺利运抵韩国仁川港交付韩方海洋警察厅投入清污工作。13 日晚，交通运输部召开紧急会议，决定派遣上海海事局"海标 24"轮携带吸油毡、消油剂、撇油器、围油栏等清污设备和器材，载着专家赶赴韩国清污救灾，但由于溢油已漂移至近岸水域，受水深所限，"海标 24"轮难以参与清污，于 12 月 18 日安全返回上海港；与此同时，新加坡防灾机构向韩国派出了一架飞机,并提供高压热水清洗装置等清污设备;日本支援了吸附剂,还派出了专家队伍;俄罗斯也提供了设备和产品;美国海岸警备队太平洋分部的 3 名机动队员和国家海洋大气局 4 名防污专家协助勘查了事故现场。8 名来自联合国环境规划署等机构的专家以及 4 名欧盟专家应邀于 14 日启程抵达韩国,为清污工作提供评估和帮助;专家小组就如何应对突发事件、尽快清除余油以及如何控制污油蔓延进行具体指导,同时就污染区域的生态长期恢复提出有关建议。各国给予了大力的支持和援助,应急反应取得了良好的成效。

韩国政府《"河北精神"号事件报告》表明,由于当时风浪太高,阻碍了防止油污扩散的工作。此次溢油事故导致忠清南道、全罗南道、全罗北道沿海300 多千米海岸受到污染,有 101 个岛屿、15 个海水浴场、350 平方千米的养殖场和相关设施以及 4 万多户家庭遭受损失,原海洋水产部也及时采取应对措施,立即发布通知,禁止渔民在溢油事故发生海域进行捕捞作业。为清理油污、减轻损失、开展灾后重建工作,自 2007 年 12 月 7 日至 2008 年 2 月 11 日,韩国政府共动员 137 万人、15 757 艘船舶(80%是渔船)、274 架直升机、1 198 台重型装备、1 113 台洗涤装备和 4 646 辆卡车进行工作[4]。

### 8. "若潮"号船舶触礁漏油事故

时间:2020 年

地点:印度洋毛里求斯

溢油量:约 1 000 吨

(1)事件概况

2020 年 7 月 25 日 20 时许,在印度洋岛国毛里求斯以南海域发生一起船舶触礁搁浅导致燃油泄漏的事故(图 2.10)。一家日本公司拥有的散货船在毛里求斯岛南海岸搁浅,导致大量原油漏出,污染当地海洋保护区,毛里求斯

图 2.10 "若潮"号船舶触礁漏油事故

政府随即宣布该国进入环境紧急状态。

该船 7 月 4 日从中国连云港空载出发，中途停靠新加坡，事发时正在前往巴西图巴朗港的途中。该船 7 月 25 日在毛里求斯东南部海域搁浅，全体船员随即安全撤离。据"若潮"号船员在接受毛里求斯政府调查时表示，事发时船内为庆祝船员生日举行酒宴，在无人瞭望确认安全的情况下，船长指示货轮靠近毛里求斯陆地一侧以便让手机连接网络，导致了此次货轮触礁事故。

8 月 6 日，货船船体发生破裂，大量燃油泄漏。该船运载有 4 000 吨燃油，其中的一部分在事故中泄漏，受到持续的恶劣天气影响，大约 1 000 吨燃油已泄漏至附近海域。8 月 15 日，"若潮"号断成两截，当时里面还有 166 吨燃料。8 月底，毛里求斯海域附近已发现至少 40 只死亡海豚。2020 年 8 月 29 日，上万名毛里求斯民众在首都发起游行，抗议政府对"若潮"号漏油事件处理不当，造成环境污染。

（2）处置过程

搁浅事故发生后，日本三井株式会社委托专业救助力量进行救助，救援队试图对船舶进行扶正脱浅，但由于天气海况恶劣，未能成功。8 月 10 日至 13 日，毛里求斯政府动用驳船及直升机将"若潮"号上的大部分燃油转移；8 月 15 日，"若潮"号断裂成两截并下沉；8 月 16 日，两艘拖轮拖带"若潮"号船首部分驶向公海海域；8 月 17 日，现场工作重心转向岸线油污清除，全面的岸线清污行动计划在毛里求斯国家危机委员会会议上批准通过。

当地民众自行清洁海滩上的燃油，并用甘蔗秸秆制作围油栏阻挡燃油，应急反应队员和数千名志愿者，在附近海域和岸边清理油污。同时由于缺乏一定的专业能力，毛里求斯总理请求法国提供帮助，在接到毛里求斯的请求后，法国从其海外领土留尼汪岛派出了军用飞机和专家小组，8 月 9 日，一艘载有技术顾问的法国军舰从留尼汪岛抵达毛里求斯。日本则于 8 月 10 日派遣了一支 6 人小组（包括海上保安厅海岸警卫队成员在内）前往协助。

## 二　海上平台溢油事故

全球海域油气资源丰富，能源战略意义深远。世界海洋石油资源量占全球石油资源总量的 34%，其中已探明的储量约为 380 亿吨。全球已有国家在进行，其中对深海进行勘探的有 50 多个国家，截至 2022 年，全球共发现海域常规油气田数量为 4 311 个,海域在产常规油气田数量为 1 175 个,技术剩余可采储量为 1 117 亿吨油当量。然而,这些油气资源却并非触手可及,其中更有 44%深埋于水深超过 300 米的深海之下,在中国也同样如此,尤其是在我国南海,在这片平均水深超过 1 000 米的海域,55% 的油气资源都埋在深深的海底。海洋油气资源与陆上资源一样,分布极不平衡。从全球来看,海洋油气勘探开发形成了"三湾、两海、两湖"的格局。"三湾"即波斯湾、墨西哥湾和几内亚湾,"两海"即北海和南海,"两湖"即里海和马拉开波湖。海上天然气的储量以波斯湾为第一,被称为"石油海";北海为第二;墨西哥湾为第三。随着经济快速发展和陆上油气勘探的日趋成熟,对海洋油气资源的勘探与开发已逐步成为全球油气利用的热点[5]。

而在海上钻探或开采石油时,由于操作失误、设备故障或者其他原因导致石油井突然爆发出大量原油和天然气,这种情况可能会导致严重的环境灾难和人员伤亡,但海上石油泄漏的总量永远都是无法准确知道的,目前所知道的泄漏量大多是一个粗略的估计值。石油井喷的风险一直存在,而且随着海上石油勘探和开采的不断扩大,这种风险也在增加。对于海上石油行业来说,制定有效的安全程序和应急计划非常重要。同时,也需要加强设备检查、员工培训和技术监管,以确保石油井的安全运营。尽管海上石油井喷漏的风险存在,但这并不意味着该行业应该被禁止或放弃。相反,海上石油勘探和开采依然是满足能源需求的重要途径之一,关键是加强安全管理和环境保护,确保石油行业的可持续发展。

### 1. Ekofisk 油田的 Bravo 钻井平台爆炸溢油事故

时间:1977 年

地点:挪威

溢油量:12 700~20 000 吨

（1）事件概况

1977 年 4 月 22 日,Phillips 石油公司的 Bravo 钻井平台 B-14 钻井在挪威的 Ekofisk 油田发生了石油和天然气井喷事故（图 2.11）。井喷导致大量的油溢入北海,并把红棕色的油和泥浆喷到海上钻机 55 米以上的高空,还导致了海面以上 20 米高处的一条管路连续不断地向外溢油,每小时约 1 170 桶。30 日,油井被封口,溢油量约 12 700~20 000 吨[6]。事故发生时,船上共有 112 人,从拉响警报直到他们全部被疏散共持续约 15 分钟。

（2）处置过程

在事故持续的 7.5 天内，共回收溢油约 1 000 吨，鉴于对环境因素的考虑，化学消油剂仅限制在靠近平台的附近使用。由于气温高于平均水平，很大一部分石油（30%～40%）迅速蒸发。使用三个卫星监控的浮标和大约 2 000 张塑料包裹的浮标卡对剩余的浮油进行了监控。石油在波浪作用下逐渐分解。最终没有海岸线被溢油污染，挪威污染控制委员会宣

图 2.11　Bravo 钻井平台

布，泄漏没有造成重大的生态破坏。虽然这口井没有着火，但它可能着火爆炸的危险很大，安排消防船舶在平台附近进行不断的喷水以消除着火的危险。

### 2. 墨西哥湾 Lxtoc I 探井井喷溢油事故

时间：1979 年

地点：墨西哥湾

溢油量：约 45. 36 万吨

（1）事件概况

1979 年 6 月 3 日，墨西哥湾的"Lxtoc I"油井在钻井过程中突然发生严重井喷（图 2.12），平台陷入熊熊火海之中，原油以每天 4 080 吨的流量向海面喷射，直到 1980 年 3 月 24 日井喷才完全停止，历时 296 天，共泄漏原油约 45.36 万吨。原油涌向墨西哥和美国海岸，覆盖 1.9 万平方千米的海面，使这一带的海洋环境受到严重污染。

Lxtoc I 是由半潜式钻井平台 Sedco 135 在墨西哥湾坎佩切湾钻探的一口探井，距离海岸约 100 千米处，水深约 50 米。1979 年 6 月 3 日，油井发生井喷，导致史上大规模的石油泄漏。墨西哥国有石油公司 Pemex 在钻探一口 3 千米深的油井时，Sedco 135 钻机失去了钻井泥浆循环，导致钻井压力失去平衡，在没有循环泥浆提供反压力的情况下，发生了井喷事故。

（2）处置过程

墨西哥国家石油公司声称，释放的石油中有一半被燃烧，造成了巨大的空气污染，1/3 蒸发，其余的被控制或分散。墨西哥当局还在主井内钻了两口减压井，以降低井喷压力，然而，在第一口减压井完工后，石油继续泄漏了 3 个月。现场溢油处置动用了大量的围控回收和消油剂设备，

图 2.12 "Lxtoc I"油井井喷事故

最终没能成功阻止溢油的上岸，溢油到达了维拉克鲁斯、坦皮科、坎佩切、拉古纳马德雷周围的海岸，甚至远至德克萨斯州。同时，由美国国家海洋和大气污染局组建了一个专业委员会，以评估此次事故对墨西哥湾整个西北地区的影响，包括人类健康、专业和休闲捕鱼活动、哺乳动物、鸟类、濒危物种以及经济活动。

### 3. Piper Alpha 平台爆炸事故

时间：1988 年

地点：英国北海

死亡人数：167 人

（1）事件概况

1988 年 7 月 6 日，位于苏格兰海岸以外的北海 Piper Alpha 石油平台发生爆炸和火灾（图 2.13）。当时平台上有 226 名工人，不幸的是火焰很快吞噬了整座平台，酣睡中的日班工人多被烧死，夜班工人则跃入海中逃生，只有从主甲板跳入下方 30 米开外海中的 61 名工人得以逃脱并幸免于难。一艘快速救助艇上的两名救援人员也不幸遇难，使总死亡人数达到 167 人，平台本身被摧毁。

值得注意的是，Piper Alpha 事故中燃烧爆炸的就是东海"桑吉"号上装载的凝析油（Condensate），充分证明凝析油泄漏带来的人员安全危害远比环境影响要大得多。事发后，英国政府马上派遣相关专业团队进行事故调查。在经过两年时间的缜密调查后，英国方面发现，原来是压缩机房内的凝析油注入泵上

的安全阀被拆下检修,用并不标准的法兰临时替代了。工人一时疏忽还忘了拧紧法兰,结果在启泵时,凝析油冲破了法兰,酿成悲剧。

（2）处置过程

Piper Alpha 悲剧最令人震惊的方面之一是无法疏散平台上的人员。假设海上平台发生事故时可以用直升机来快速转移人员,但这种假设得基于一个前提,即平台直升机甲板不会受事故影响且有足够的直升机。但在此次事故第一次爆炸后大约 1 分钟内,直升机甲板被黑烟笼罩,直升机无法降落在上面。平台的救生艇和充气救生筏也没有被成功布放,许多人从平台上跳进大海。附近的多功能守护船进行人员搜救和消防灭火。Piper Alpha 事故没有造成重大的环境危害,却用 167 条生命换来了北海安全作业程序的 106 条建议以及《1992年海上设施（安全案例）规例》。

图 2.13　Piper Alpha 平台爆炸事故

### 4. 印度钻井平台火灾溢油事故

时间:2005 年

地点:印度

溢油量:未知

（1）事件概况

2005 年 7 月 27 日下午 4 时左右,距离印度重要金融城市孟买仅 160 千米的海上石油钻井平台突然发生大火(图 2.14)。该钻井平台为印度石油天然气公司孟买油田所有,为印度第一大石油钻井平台,其日产量约占印度国内石油产量的 35%。当时有 380 多人在该平台工作,事发后人员纷纷跳到海里逃生,这起事故造成 12 人死亡、13 人失踪,直接经济损失达 23 亿美元,附近的 15～20 口油井受到影响,油田两年内无法恢复生产,印度石油天然气减产1/3。这起事故造成了大规模的石油泄漏,使每天 12 万桶石油和 440 万立方米天然气的产量减少。印度石油部长在召开的新闻发布会上强调,他们已经动员了事故现场附近所有的补给船只前往救援,第一要务就是要以最快的速度营救最多的生命。

事后查明,当时平台的守护作业船有一名船员手指受伤,在靠泊平台寻求医疗救治时,由于狂风暴雨和强烈的海浪将船推向平台,当船尾撞击钻井平台时,平台的天然气出口立管破裂。由此产生的泄漏气体被点燃并爆炸,烧毁了钻井平台,损坏了船只以及附近钻探的自升式钻井平台。

(2)处置过程

据报道,印度海军和孟买海岸警卫队在第一时间派出直升机和舰艇,前往现场搜救遇难工人。7月27日晚,另外6艘海军舰艇和2艘海岸警卫舰星夜赶往事故现场进行救援。多用途的支持船舶对平台进行喷水灭火,但其在大约两个小时内被大火完全摧毁。同

图2.14 印度钻井平台火灾溢油事故

时,事故造成了严重的溢油污染事故,但对于溢油的处置措施鲜有调查和记录。

### 5. 澳大利亚 Montara 平台井喷溢油事故

时间:2009年

地点:澳大利亚西北部帝汶海

溢油量:每天泄漏约400～1 500桶石油以及未知数量的天然气和凝析油

(1)事件概况

2009年8月21日,位于澳大利亚西北部帝汶海区域的 Montara 平台的自升式钻机在维修时,钻井平台井口泄漏,油气从1 200米深的井内泄漏出来,造成轻质原油不断流到海面,但没有发生爆炸,69名平台人员进行了紧急撤离(图2.15)。2009年11月1日上午井喷失控着火,自升式平台 West Atlas 被大

火吞没。平台每天向帝汶海溢油约 400 桶轻质原油,溢油共持续 74 天,泄漏影响范围达 90 000 平方千米,被认为是澳大利亚有史以来损失最为惨重的海上平台井喷溢油事故。

(2)处置过程

在溢油处置方面,为了快速有效地处置早期泄漏的溢油,保护周边海域的环境保护目标,决定采用喷洒化学分散剂作为泄漏浮油的优先处置方案,从 8 月 23 日开始利用飞机向海面喷洒化学分散剂(图 2.16),分散剂喷洒作业一直持续到 11 月 1 日,救援期间,共投用 6 种分散剂,使用总量共约 18.4 万升。澳大利亚海事安全局从 9 月 5 日至 12 月 3 日进行了机械围控和回收作业。由两艘船共同操作 300 米围控吊杆,使用收油机回收泄漏到海面的石油,作业 35 天共回收 84.4 万升油水混合物,其中约有 49.3 万升油或油乳剂,约占溢油总量的 10%。

在井控救援和溢油源控制方面,9 月 9 日,被租用的 West Triton 钻井平台抵达现场,准备进行减压救援井作业。9 月 14 日,减压井开钻,随后进行的三次井孔拦截都以失败告终。11 月 1 日,第四次井孔拦截尝试成功,早晨救援井作业出现成效,并使用钻井液成功压井,但是当时计算需要的钻井液排量超过 1 000 立方米/小时,大约经过两个小时左右,再次发生井喷,11 月 1 日中午平台开始着火。截至 11 月 3 日,平台的压井和灭火工作完成,溢油源被完全封堵。事后调查显示,运营商和监管机构未能遵守澳大利亚的石油和天然气监管制度是造成此次事件的一个关键因素。

图 2.15 Montara 平台井喷失控着火

图 2.16 蒙塔拉井口平台泄漏事故化学分散剂喷洒作业

### 6. 深水地平线号井喷爆炸溢油事故

时间：2010 年

地点：墨西哥湾

溢油量：约 78 万吨

**（1）事件概况**

2010 年发生了国际溢油历史上最重大的一个标志性事故，那就是被后来拍成好莱坞电影《深海浩劫》的墨西哥湾"Deepwater Horizon"号（又称深水地平线号）井喷爆炸溢油事故（图 2.17）。2010 年 4 月 20 日，马孔多油井发生了井喷事故，井喷发生在墨西哥湾海面以下约 1 524 米处，引起英国石油公司租用瑞士越洋钻探公司的钻井平台"深水地平线"爆炸，致使 11 名工人死亡、多人受伤。大约有相当于 780 000 吨的原油泄漏到了墨西哥湾中，油膜在海上覆盖面积 18 万平方千米，相当于整个中国河北省的面积。在当年 7 月 15 日喷油井被堵住之前，平均每天会泄漏约 11 350 吨天然气和石油。超过 1 014 千米的墨西哥湾海岸线遭到了石油污染，这些地区大部分地处路易斯安那州。

图 2.17 "Deepwater Horizon"号爆炸井喷溢油事故

**（2）处置过程**

对于这次溢油的应急处理，美国政府协同石油行业界动用了大量的资源（48 000 人、7 000 条船只、20 余架飞机以及 2 500 海里的围油栏等）以及所有最先进的溢油应急技术与手段进行应急处置。当时应急动用的应急战略包括海下井控封堵、海上溢油侦查、海下和海上消油剂喷洒、海上围控回收、海上溢油焚烧、海岸线保护、海岸线侦查与清理、油污的模拟与监测等。墨西哥湾井喷事件导致了超 400 起火灾，造成了数百只海龟和数量未知的海豚及其他动物死亡。为了保护沼泽免受石油污染的影响，人们在岛屿和海岸线周围设置了围油栏并使用了 200 万加仑的分散剂来分解石油。分散剂是一种具有表面活性剂的复杂化学混合物，它可以起到乳化剂的作用，使油和水混合。

这次事故中泄漏出来的石油约有 1/4 被降解。除此之外，约有 1/3 的石油被清理了。这次清理工作是由"统一指挥部"组织的，他们受美国海岸警卫队的直接领导。该组织还通过燃烧海面上石油的方式清除了 5% 的石油。然而，他们公布的石油泄漏量的数据却被认为是不准确的。例如，佐治亚大学的萨曼莎·茹瓦（Samantha Joye）所收集到的关于深海中石油和天然气的量的数据要远远超过"统一指挥部"所公布的数据。有些石油存在于海滩上、海滩下、沼泽中、海底或成了漂浮的焦油球，这就使得它们的数量难以被统计，也因此可能会被人们忽视。

这个事故不但惊动了美国政府、事故方英国石油公司（BP），也向整个石油行业抛出了一个国际性难题：全行业是否能从容面对类似于"Deepwater Horizon"号这样的超大型溢油事故？之后以国际石油与天然气生产协会（IOGP）为代表的各组织机构与各大油企将石油行业（以上游为主）联合起来，组成了三个工作组，分别对井喷事故的防范（Prevention）、井喷事故的应急封堵（Intervention）以及井喷溢油的清理（Response）做了大量的工作，从各方面提高行业界处理大型井喷溢油的能力。

## 三　海底管道溢油事故

海底管道在国际上已有较长的发展历程，从 1954 年美国的墨西哥湾由 Brown & Root 海洋公司铺设了第一条海底管道以来，世界各海域成功铺设了无数条各种类型的海底管道。海底管道主要用于海洋石油生产设施、浮式生产储卸油装置、陆地终端之间的油气输送，是海洋石油生产开发的"大动脉"，主要包括混输管道、原油管道、柴油和天然气管道等，可将海上油、气田开采出来的石油或天然气汇集起来，输往海上浮式生产储油装置或陆上油、气终端。海底输送管道深埋于海床之下或者平铺在海底，其在设计、运营和维护保养等方面要考虑的因素有别于陆上管道。由于长时间暴露在恶劣的海洋环境中，其工作载荷、环境载荷和意外风险载荷均比较复杂，且运行时间比较长，发生泄漏失效的概率比较高。管道抢维修或更换相对陆地油气管道而言难度更高,特别是一些深水海底管道,海管抢维修技术还存在明显的短板。海底管道一旦发生泄漏,对正常生产影响比较大,能够造成很大的经济损失,同时给海上的作业安全和海洋生态环境造成巨大影响。研究表明,海管腐蚀、冲刷、海床运动、材料焊接、结构缺陷、设计安装不当、操作失误、第三方破坏等因素是引起海底管道失效泄漏的主要原因。

随着海洋开发进程的不断加快,工程建设、交通航运、养殖捕鱼、生态保护以及国防军事等用海活动与海洋管道建设保护之间的空间冲突日益增加。据统计,全球海底油气管道破裂的原因主要是第三方破坏,约占事故原因的50%～60%。其次,海底管道的设计寿命通常为30年左右,腐蚀泄漏也是海管失效的重要因素,海底管道多为油、气、水多相混输,常含有 $CO_2$、$H_2S$、盐(氯化物)、砂子和蜡等介质,在流动状态下容易产生各种类型的腐蚀,如电化学腐蚀、细菌腐蚀等,导致海底管道壁厚减薄、局部腐蚀穿孔或者腐蚀失效,直接影响着海底管道的安全运行。此外,在海底管道的登陆点和浅海滩涂地区易发生海管失效泄漏事故。

海底油气管道发生泄漏时往往是通过海底管道压力仪表系统压力快速降低发现,还有一种是通过海面瞭望巡查发现。如果发现海面油污可能是海底油气管道泄漏时,平台会通知守护船前往现场进行探查、确认,一旦确定发生泄漏,平台总监须第一时间上报上级单位,同时油田现场立即启动溢油应急计划进行先期处置。油气管道破裂引起的溢油污染程度,取决于管线损害的程度、流体的天然属性(可压缩天然气还是不可压缩的石油产品)、油气管线的尺寸、截止阀的位置、油气管线的水下路径、作业者应急动员效率以及泄漏检测水平的高低。但由于海管泄漏地点往往具有不确定性,加之目前的检测手段无法保证第一时间探知油气管线破裂,导致一旦发生破裂,溢油量较大。

海底管道如果发生泄漏,处置起来难度较大、周期较长,对海洋生态环境的影响也比较大,因此要防范海底油气管道发生泄漏:一是加强海底管道管理,制定相关的管理制度、操作规程、应急方案;二是定期对海底管道仪表系统、报警系统进行检测,要保证仪控系统完好可用;三是定期对海底管道进行清管;四是加强海底管道的腐蚀检测,发现问题尽早解决;五是对进入油田区域的外来船舶进行驱离,禁止在油田区域进行抛锚,同时加强工程建设船舶管理,防止工程船落物、抛锚损伤海管。

### 1. 英国北海壳牌海底输油管道泄漏事故

时间：2011 年

地点：英国北海

溢油量：约 200 吨

（1）事件概况

2011 年 8 月，壳牌 Gannet Alpha 油田的海底管道将约 200 吨石油泄漏到北海中部（图 2.18）。发生漏油的位置距苏格兰港城阿伯丁以东大约 180 千米，由泄漏石油反射的光泽发现了此次泄漏。壳牌公司估计，海面溢油带面积最大时长约 31 千米，宽 4.3 千米。据壳牌公司主动公布的泄漏事故文件，此油田 2009 年至 2010 年共发生 10 起泄漏溢油事件，其中只有一起程度为"重大"，其余程度为"较低"。

（2）处置过程

发现溢油后油田立即采取措施将管道隔离，关闭海底油井，并对采气管线进行减压。远程遥控水下设备进行勘查，发现海底输油管发生破裂现象。此次溢油没有侵袭英国海岸，因为强劲的海风和海浪将溢油驱散。地方政府要求渔船作业继续，当地海警通知渔船不要驶入溢油海域。

图 2.18　Gannet Alpha 油田海底管道泄漏事故

### 2. 墨西哥国家石油公司海底管道泄漏事故

时间：2021 年

地点：墨西哥

溢油量：未知

（1）事件概况

2021 年 7 月 2 日，墨西哥国家石油公司位于尤卡坦半岛坎佩切州连接钻井平台的水下管道发生气体泄漏事故,海面上燃起熊熊大火,大火在持续了大约 5 个多小时后被扑灭(图 2.19)。

（2）处置过程

起火后,Pemex 公司马上关断了直径 30 厘米的海底管道阀门,阻断天然气继续泄漏,同时他们派出几艘消防船,一边抽海水进行消防灭火,一边使用氮气灭火,5 个小时过后"火眼"终于被扑灭。这次意外没有造成人员伤亡,天然气井也恢复正常工作

图 2.19　墨西哥国家石油公司海底管道泄漏事故

### 3. 美国南加州海底输油管道泄漏事故

时间:2021 年

地点:美国

溢油量:未知

（1）事件概况

2021 年 10 月,Amplify Energy 公司所运营的一条海底输油管道发生破裂,泄漏了数万加仑的石油,严重污染了美国南加州海岸(图 2.20),从亨廷顿海滩至纽波特海滩长达 5.8 海里的区域都受到影响,海面上能明显看到漂浮和堆积的原油,当地居民称他们能闻到很重的油气味,沿岸也出现了鱼、鸟死亡的状况。事故原因指控由两艘货船在冬季风暴期间拖锚,破坏了输油管道。

（2）处置过程

事故发生后,南加州政府做出了对海滩关闭一周和对渔业活动关闭一个月的决定。南加州渔民、旅游公司和业主起诉 Amplify Energy 公司和事故船舶公司,要求赔偿损失。最终,Amplify Energy 公司同意支付 5 000 万美元,事故船舶

图 2.20　美国南加州海底输油管道泄漏事故

公司同意支付 4 500 万美元来解决这些诉讼。而对于受溢油污染的海滩，大多通过专业公司和志愿者进行人工清理。

### 4. 泰国东部海底输油管道泄漏事故

时间：2022 年

地点：泰国

溢油量：约 128 吨

（1）事件概况

2022 年 1 月 25 日晚 9 时左右，泰国东部罗勇府海域发生海底输油管道泄漏事故，至 26 日下午，监测到的原油泄漏量大约为 128 吨。事故发生地距离海岸线约 5 海里，泄漏原油对罗勇府部分沿海地区造成污染（图 2.21）。

（2）处置过程

涉事企业泰国石油炼油公司及当地相关部门派出 9 艘船只前往事发地阻止油污扩散，严密监测事故进展，同时对泄漏管道进行紧急堵漏。事故责任公司采取了紧急措施并使用化学制剂分解漂浮在海上的油污，当地政府也调动多方力量全力阻止油污

图 2.21 泰国东部海底输油管道泄漏事故

带扩散，努力将溢油控制在海湾内，避免进一步的扩散。作为预防措施，地方当局还在部分海岸的海滩上铺设了吸附材料，对于岸边的溢油进行真空泵吸和人工清理。数天后得到控制，但漂浮的油污一度对海洋和部分沙滩造成污染，严重影响了当地旅游业，数千人向政府部门申诉要求赔偿。

## 四 近岸设施溢油事故

经济的发展离不开石油，随着港口码头、沿岸石化企业、输油管道等相关设施的增多，近岸设施的爆炸溢油事故也对海洋水域环境带来极大的威胁，特

别是对近岸旅游资源得天独厚的地区,其主要原因包括设计制造缺陷、设备老化、操作失误、恶劣天气以及其他一些外部因素。近岸设施溢油事件主要包括储油罐的燃爆事故、油轮的搁浅触礁漏油事故、输油管道泄漏事故、终端炼油厂爆炸泄漏事故等。

### 1. 澳大利亚"Stanvac"港溢油事故

时间:1999 年

地点:澳大利亚

溢油量:未知

(1)事件概况

1999 年 6 月 28 日凌晨,在澳大利亚南部的"Stanvac"港,一艘在利比里亚注册的油轮完成了对岸上美孚公司炼油厂的卸油工作,当油轮卸完油正准备离开时,人员发现一处卸油软管断裂分离,原油正不断从软管中泄漏入海(图 2.22)。

7 月 2 日,美孚公司经过检查证实,岸上储油罐和管道内的石油泄漏

图 2.22 澳大利亚"Stanvac"港溢油事故

量约为 270 吨。当时天气和水流条件很好,风力为北风 25 节,正值退潮时间,石油向南飘移,与海岸线平行,导致溢油没有大量上岸。

(2)处置过程

由于泄漏的阿曼原油属于轻质原油,人们一直认为适合使用化学分散方式,采取空中和船舶喷洒模式。应急处置中共使用了 26 吨化学分散剂,并雇用约 150 人在海滩上进行人工海滩清理,海上溢油回收船回收量约为 9 立方米。大部分溢油在海上被分散掉或者得以回收,只有极少量溢油到达岸边,及时正确的处理使得溢油对海滩造成了很轻的污染。

### 2. 美国加利福尼亚沿岸输油管道泄漏事故

时间:2015 年

地点:美国

溢油量:约 40 万升

(1) 事件概况

2015 年 5 月 19 日,美国加州圣巴巴拉县(Santa Barbara)一条沿着海岸线铺设的输油管道破裂,发生原油泄漏事件,原油进入海洋(图 2.23)。这条输油管线是在 1991 年兴建,路线与 101 号美国国道平行,管线直径约 60 厘米,当局在漏油的数小时后才紧急关闭管线。这起事件造成了较为严重的环境污染,环境、渔业和海滩度假景区也受到影响。涉事公司为美国管道输送公司,该公司在新闻发布会上称,按最坏的计算,大约有 40 万升原油泄漏,其中已有约 8 万升原油流入海洋。

(2) 处置过程

漏油事件发生后,美国联邦、州和地方政府抵达现场调查漏油的原因,动用州政府储备资金协调清理溢油。在海上将长 37 千米、宽 11 千米的区域隔离开,禁止在该区域捕鱼。圣巴巴拉地区的海岸线已经遭到原油侵蚀,当地的工作人员用耙子将海滩上的油污铲起,倒进塑料袋里。

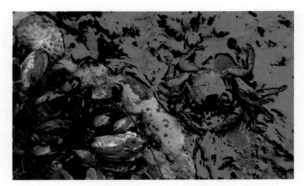

图 2.23 加利福尼亚沿岸输油管道泄漏事故

### 3. 秘鲁近岸大型漏油事故

时间:2022 年

地点:秘鲁

溢油量:约 820 吨

(1) 事件概况

2022 年 1 月 15 日,秘鲁卡亚俄大区(Callao)文塔尼利亚海域(Ventanilla)发生原油泄漏事故,联合国将这场悲剧描述为"秘鲁历史上最严重的生态灾难"(图 2.24)。《秘鲁人报》报道,一艘油轮从西班牙雷普索尔石油公司(Repsol)经营的拉庞皮拉(La Pampilla)炼油厂卸油时,发生了原油泄漏事故。

Repsol 称,南太平洋国家汤加发生火山喷发后,秘鲁海岸出现的异常海浪是造成此次事故的原因。

在泄漏发生数小时内,厚厚的浮油就覆盖了卡亚俄大区附近的海域,尽管一开始的说法是共约 820 吨原油流入海洋,但 Repsol 最终承认实际有 1 415 吨。该漏油事故影响了 96 个地点,包括文塔尼利亚海滩和圣罗莎海滩在内的多个海滩和悬崖。

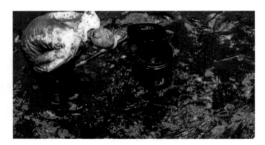

图 2.24　秘鲁近岸大型漏油事故

（2）处置过程

事故发生后,民众纷纷涌向海岸,抢救浑身是油的海鸟。随后,海洋生物学家和兽医团队来到了海滩,无数志愿者试图清除原油的场景,逐渐被 Repsol 和国家林业和野生动物管理局(Serfor)专业人员的工作场景所取代。受漏油影响,许多与海洋有关的经济活动(如捕鱼等)都被暂停,致成千上万的人失去了工作。同时,由于对环境的影响严重,秘鲁国家竞争和知识产权保护局(Indecopi)对 Repsol 提起了诉讼,要求赔偿环境损失 30 亿美元以及消费者和当地损失 15 亿美元。

### 五　其他溢油事故

此外,海洋油污的来源还包括战争、地质性溢油和空气转运等因素。战争会破坏海上石油设施、商船、舰艇、海底管道以及近岸设施等,造成大量的石油泄漏。根据相关调查,目前全球共发现 8 500 多艘沉船,其中 3/4 在二战期间沉没,数量有 6 300 多艘,这些沉船都集中在各个港口海域和贸易路线中,其中大部分都载满燃料或原油,保守估计至少有 1 500 万吨。它们就像一颗定时炸弹随时可能爆炸,许多沉船正快速腐朽,对海洋构成漏油污染的威胁。例如,1940 年 4 月,一艘德国巡洋舰在挪威奥斯陆峡湾沉没,到 1969 年才开始漏出油来。同时,由于海上油田开采注水增压措施的不合理、地层构造断裂带和地震带等因素影响,会带来地质性溢油的风险。海底油藏中的石油通过地层裂缝渗出,渗出程度与地壳活动有关,已发现在加利福尼亚、阿拉伯湾、红海、南美东北沿岸和南中国海等地都有地下原油渗出。由天然渗漏直接进入海洋的石油烃估计每年为 2.5 万～250 万吨，其中美国的圣巴巴拉海峡和圣莫尼卡湾天然渗出的原油每年约为 700～50 000 吨。陆地上的各种内燃机和车辆，它们排放的含油废气经由大气最终沉降入海，其主要途径是吸附石油烃的微粒被雨水冲洗入海或者这些微粒直接沉入海中、含油废气的降水携带以及大气与海面的气体交换，估计全世界仅汽车排出的废气每年就将 180 万吨石油带入海中，大气输送主要集中在重工业区的下风带，以西北太平洋、北海和西北大西洋最为典型。

### 1. 海湾战争海上溢油事故

世界上最大的石油泄漏来源于战争（图 2.25）。在 1991 年的海湾战争期间，伊拉克在从科威特撤退时烧毁了科威特 1 300 多口井中的 732 口，引起了油井大火，每天烧掉约 71 万吨石油，相当于全世界每天产量的 12%，希望借助石油燃烧产生的大火和烟雾来阻挡美军的进攻。油井管道阀门的故意开启、海上油轮和海岸油库的空袭破坏共同导致了大量的原油流入波斯湾海域。火灾于 1991 年 1 月开始，第一口井的大火于 1991 年 4 月上旬被扑灭，最后的油井大火则于 1991 年 11 月 6 日被正式熄灭，最终导致大约 136～150 万吨原油泄漏，至少 108 万吨流入波斯湾，浮油扩散范围甚至比夏威夷海岛面积还大，海湾沿岸的一些国家有 90% 的淡水供应依靠海水淡化，海面溢油严重地威胁着这一地区的海水淡化工厂，影响着首都利雅得和数十万士兵的供水问题。这起事件无论从漏油量还是对生态的影响，都可谓"历史第一"。

图 2.25　海湾战争海上溢油事故

## 2. 两伊战争海上溢油事故

1983 年 1 月 24 日,一艘补给船在伊朗 Nowruz(诺鲁兹)油田与钻井平台相撞,造成了整个平台倾覆。该事件导致油田 3 号井口立管破裂,导致原油泄漏,预计每天泄漏 240 立方米。由于诺鲁兹油田位于两伊战争中心点,因此过了足足 7 个月后才开始采取应急措施,由挪威 Norpol 公司动用大量围油栏和收油机等清除溢油。并经过多次尝试,3 号井于 1983 年 9 月 18 日封顶,11 人在行动中丧生。

1983 年 4 月,同一油田发生了另一起泄漏事故。附近的钻井平台遭到伊拉克轰炸机的袭击,并且持续燃烧了两年。最初,每天有 795 立方米的石油泄漏到海洋中,但随着时间的推移,石油泄漏速度减缓了。直到 1985 年 3 月,4 号井才封顶。在潜水员的协助下,油井被堵住,大火被扑灭,最终 9 人在这些行动中丧生。1983 年至 1985 年间,波斯湾泄漏的石油总量估计为 26 万吨。

## 3. 黎巴嫩战争海上溢油事故

2006 年 7 月,以色列对黎巴嫩开始了新的空中打击,以色列战机轰炸了位于贝鲁特以南约 19 千米的及埃(Jieh)发电厂,导致电厂燃料库发生大火并爆炸。石油从破损的油库中流出,形成一条"油河",最后全部倾入地中海,据估计,至少有 10 000 吨的重油流入海中。这些石油在海岸线延伸了 161 千米,直至叙利亚境内,引发了一场黎巴嫩历史上最为严重的环境灾难。

对此,联合国环境规划署执行主任指出必须迅速采取协调行动,控制油污的继续扩散,以便将其对海洋环境的短期和长期伤害控制在最小范围内。同时,叙利亚环境部长致函联合国环境规划署区域海洋计划背景下的地中海行动计划小组,请求立即派出专业清污公司的人员帮助叙利亚控制其领海内的燃油污染,并派出评估组对这次油污造成的损害进行评估。7 月 28 日,科威特发送的 10 卡车用于阻止石油泄漏的器材已经通过叙利亚运抵贝鲁特,但由于以色列的轰炸一直没有停止,因此工作人员无法靠近海岸进行油污清理。大量的死鱼被冲上岸,大约不到 10 米就能捡到 100 条,死鱼身上都裹着一层黑油。此外,一艘在海上的埃及商船和一艘以色列炮艇被炮弹击中,附近一个水泥厂也被以色列炮火击中起火,这些都加剧了污染,如果贝鲁特海滩污染不能及时清理,将扩散到地中海其他海域,当地的海洋濒危物种也将彻底消亡。

## 参考文献

[1] 于学忠,孙密,李志伟. Erika 油轮沉没事故的启示 [J]. 航海技术,2001(2):7-9.

[2] 曾彬. "威望号":又一枚爆响的石油炸弹 [J]. 中国石化,2003(4):67-68.

[3] Jose M. Alcantara, 闫新. "威望" 号船事件之后的油污立法 [J]. 中国海商法年刊,2005(3):458-467.

[4] 邢建芬,陈尚,吕海良. 韩国对"河北精神"号溢油事故的应急处理及其启示 [J]. 中国海事,2013(6):35-37+57.

[5] 王建强. 探测海洋油气资源之路 [J]. 自然资源科普与文化,2021(4):20-23.

[6] 张吉廷. 海上溢油事故危害评估及其防范措施探讨 [D]. 大连海事大学,2012.

[7] 赵华. 海底油气管道泄漏的原因及防范 [J]. 环境保护与循环经济,2014,34(5):12-15.

# 第三章
# 国内溢油事故特点与面临的挑战

## 一 国内海上溢油事故简介

### （一）海洋石油勘探开发溢油事故

自 20 世纪 50 年代后期起，我国已经开始在海域进行石油调查和勘探开发工作，近年来海上油气田在我国石油勘探开发中的地位日益重要。海洋石油勘探开发速度迅猛，产能不断扩大，同时海上运输、近海港口建设、养殖业等都迅速发展，一方面促进了海洋经济，另一方面对海洋环境保护带来的风险不容忽视。虽然海洋石油勘探开发溢油污染所占比例并不大，但由于海上情况复杂，一旦发生溢油污染，消除其危害及影响的成本巨大，风险极高。

近些年，国内发生的海洋溢油事故虽次数有限，但无一例外均造成了严重的环境污染与经济损失。1989 年，黄岛油库发生爆炸事故，因黄岛油库的非金属油罐本身存在不足，遭到雷电击中引发爆炸。部分外溢原油（约数千吨）沿着地面管沟、低洼路面流入胶州湾，导致胶州湾水域被大面积污染，黄岛四周的102 千米的海岸线受到严重污染。2013 年 11 月 22 日，青岛发生输油管线爆燃事故，事故造成部分泄漏原油顺着雨水管线进入胶州湾，造成了大约 3 000 平方米的海面过油。海事部门耗费大量人力及应急物资投入溢油处置工作，该事故造成严重的财产损失。

以康菲石油公司渤海钻探平台事故与大连新港"7.16"输油管道爆炸引发的海上溢油事故最为典型,下文将详细概述这两例事故的事故概况、处置过程、原因分析等内容。

### 1.康菲石油公司渤海钻探平台溢油事故

#### (1)事故概况

2011 年 6 月 4 日和 17 日,中国蓬莱 19-3 油田 B 平台和 C 平台先后发生两起溢油事故。溢油事故造成蓬莱 19-3 油田周边及其西北部面积约 6 200 平方千米的海域海水污染,其中 870 平方千米海水受到严重污染,沉积物污染面积 1 600 平方千米,溢油事故造成严重的海洋生态损害(图 3.1)。

图 3.1　蓬莱 19-3 油田溢油事故现场图

#### (2)处置过程

6 月 4 日,国家海洋局北海分局接到康菲石油中国有限公司报告,蓬莱 19-3 油田 B 平台东北方向海面发现不明来源的少量油膜。6 月 8 日,康菲公司再次报告,在 B 平台东北方向附近海底发现溢油点。6 月 17 日,北海分局接到在蓬莱 19-3 油田巡视的海监 22 船报告:C 平台及附近海域发现大量溢油。随后康菲公司报告,蓬莱 19-3 油田 C 平台 C20 井在钻井作业中发生小型井涌事故[1]。B 平台采取减压措施后,溢油于 6 月 19 日得到基本控制;C 平台采取水泥封井措施后,溢油于 6 月 21 日得到基本控制。

溢油事故发生后,康菲公司紧急调动可用溢油应急资源,单日现场海上溢油处置船最多到 33 艘;海上先后布设围油栏约 3 000 米,使用吸油拖缆约 4 000 米、吸油毡 2 800 千克。同时,国家海洋局高度重视,多次召集会议进行研究部署应急工作。截至 7 月 4 日,国家海洋局共安排 4 艘海监船舶、2 架海监飞机、

40余名现场执法人员和技术人员、近400名陆岸工作人员直接参与应急响应工作；海上巡视6 000多海里，飞行17架次，航程约14 000千米；解译卫星遥感图像28景；监测布站190个，应急监测15次，损害评估3个航次，监视监测面积约4600平方千米。

7月3日，康菲公司在B平台事件的溢油点上安装了一个钢制海底集袖罩，作为额外的溢油预防措施。

7月4日，现场启动潜水员潜水计划，利用真空泵回收海床上沉降的矿物油油基泥浆。截至7月4日，已回收油水混合物近70立方米，除B、C平台附近偶有少量油膜出现以外，海面已无明显漂油。

7月13日，鉴于溢油事态并未得到完全控制，溢油源排查和封堵工作进展缓慢，国家海洋局决定停止B、C平台油气生产作业[2]。

7月20日，主管部门责成康菲公司在8月31日前完成"彻底排查溢油风险点、彻底封堵溢油源"（"两个彻底"）。

截至8月31日，康菲公司未能按照主管部门的要求完成"两个彻底"，同时鉴于该油田"带病"生产作业可能会继续造成新的地层破坏和溢油风险，根据联合调查组的意见，9月2日责令蓬莱19-3全油田实施"三停"（停注、停钻、停产）、"三继续"（继续排查溢油风险点、继续封堵溢油源、继续清理油污）、"两调整"（调整油田总体开发方案、调整海洋环境影响报告书）。

（3）原因分析

此次溢油事故的直接原因如下。

关于B平台附近溢油。6月2日B23井出现注水量明显上升和注水压力明显下降的异常情况时，康菲公司没有及时采取停止注水并查找原因等措施，而是继续维持压力注水，导致一些注水油层产生高压、断层开裂，沿断层形成向上窜流，直至导致海底溢油。

关于C平台溢油。C25井回注岩屑违反总体开发方案规定，未向上级及相关部门报告并进行风险提示，数次擅自上调回注岩屑层使其接近油层，造成回注岩屑层临近油层底部并产生超高压，致使C20井钻井时遇到超高压，出现井涌，由于井筒表层套管附近井段承压不足，产生侧漏，继而导致地层破裂，发生海底溢油事故。

此次溢油事故的间接原因如下。

关于 B 平台附近溢油。一是违反总体开发方案，B23 井长期笼统注水，未实施分层注水。未考虑多套油层注水压力存在差异，只考虑欠压层的压力补给，从而存在个别油层因注水而产生高压的风险。二是注水井井口压力监控系统制度不完善，管理不到位，没有制定安全的注水井口压力上限。三是对油田存在的多条断层没有进行稳定性测压试验，特别是对接触多套油层的 502 通天断层（断层向上延至海床）没有进行风险提示，也未开展该断层承压开裂极限数值分析标定。

关于 C 平台溢油。一是 C20 井钻遇高压层后应急处置不当。钻井过程中出现异常情况，未及时分析研究以提高应急能力，来采取下放技术套管等必要措施。钻至 L100 层遇到 C25 井回注岩屑层形成的超高压，至发生井涌，应急措施无力，导致井中压力不断增高，发生侧漏，造成海底溢油。二是 C20 井钻井设计部门没有执行环评报告书，按照表层套管深度进行设计，降低了应急处置事故能力[3]。

### 2. 大连新港"7.16"输油管道爆炸事故

（1）事故概况

2010 年 7 月 16 日，万吨油轮"宇宙宝石"号在大连新港进行卸油操作时，由于操作失误引起储油罐陆地管道爆炸起火，随后 $1 \times 10^5$ 立方米的储油罐被引燃，大火持续燃烧 15 小时（图 3.2）。

图 3.2 大连新港"7.16"输油管道爆炸事故图

本次事故造成作业人员 1 人轻伤、1 人失踪。在灭火过程中，消防战上 1 人牺牲、1 人重伤。本次事故向附近海湾泄漏了 1 500 吨原油，导致大连湾、大窑湾、小窑湾、金石滩等多地受损，对港口周围 430 平方千米海域造成了严重影响。此次原油泄漏事故使当地水产养殖业遭受重大损失。据统计,事故造成的直接财产损失为 22 330.19 万元[4]。

（2）处置过程

溢油事故发生后,辽宁海事局作为海上清污工作的指挥部门,采取"围、追、堵、控外清内"的清污方针,努力确保溢油不流向外海,不蔓延到渤海。指挥部门充分考虑海上风向对油污造成的飘移等影响,对整个海上油污走向做出判断,研究制定作战路线,部署清污作业的重点和作业区域[5]。

决策指令直接下达海上清污现场,海事人员将根据指挥中心的指令协调各作业区域,指令各地清污力量投入海上清污,并根据现场实际情况为部分船舶提供清污指导。辽宁海事局和大连有关部门把主要人力、物力投入清除输油管线爆炸造成的海洋污染上来。

辽宁海事局在中国海上搜救中心的组织协调下,紧急从其他省市调运清污应急物资。从秦皇岛调来的 2 000 米围油栏、2 吨消油剂,已于 17 日晚抵达大连。从青岛和北京调运的 30 吨消油剂预计在 18 日晚之前全部运抵大连。

18 日 15 时,辽宁海事局等部门出动海事工作人员 400 人次,协调 40 多艘次船舶、车辆百余车次,在溢油海域布设围油栏并扩大到 9 000 多米,清除海洋污染的作业积极有效。

同时,大连海事局增派 26 名监督员,协调指挥清污船作业。目前,海事部门已组织了 20 余艘清污船舶,在最大范围内对海上形成的 50 多平方千米的油污开展清除作业。另有 4 艘巡逻船一直坚守在事发水域,监控油污扩散和清理情况,继续扩大布设围油栏。

7 月 24 日,大连"7.16"事故海上清污工作目前已进入攻坚阶段,辽宁海事局共组织协调专业清污人员 1 300 多人,其他社会人员约 5 300 人,清污船舶40 余艘,渔船千余艘。

大连海事局交管中心做好船舶疏散工作,保障清理污染作业安全。划定临时锚地供船舶抛锚候泊,安排暂时不能靠泊的船舶 44 艘次,对近 500 艘次船舶进行了交通组织。对大孤山半岛所有码头附近水域实施交通管制,禁止一切无关船舶进入,为参与清污作业船舶开辟绿色通道。

大连市环保志愿者协会组织志愿者前往海滩溢油污染现场进行清污工作,并呼吁人们捐献麻袋、草帘子等可以有效吸附油污的物品,号召全社会行动起来,为清除污染多做贡献,用实际行动保护家园。

（3）原因分析

经查,事故的直接原因是:中石油国际事业有限公司（中国联合石油有限责任公司）下属的大连中石油国际储运公司同意中油燃料油股份有限公司委托上海祥诚公司使用天津辉盛达公司生产的含有强氧化剂（过氧化氢）的"脱硫化氢剂",违规在原油库输油管道上进行加注"脱硫化氢剂"作业,并在油轮停止卸油的情况下继续加注,造成"脱硫化氢剂"在输油管道内局部富集,发生强氧化反应,导致输油管道发生爆炸,引发火灾和原油泄漏。事故导致储罐阀门无法及时关闭,火灾不断扩大,原油顺地下管沟流淌,形成地面流淌火,事故造成103号罐和周边泵房及港区主要通油管道严重损坏,部分原油流入附近海域。

事故的间接原因是:上海祥诚公司违规承揽添加氧化剂的业务;天津辉盛达公司违法生产"脱硫化氢剂",并隐瞒其危险性;中国石油国际事业有限公司及其下属公司安全生产管理制度不健全,未认真执行承包商施工作业安全审核制度;中油燃料油股份有限公司未经安全审核就签订原油硫化氢脱除处理服务协议。中石油大连石化分公司及其下属石油储运公司未提出硫化氢脱除作业存在安全隐患的意见,中国石油天然气集团公司和中国石油天然气股份有限公司对下属企业的安全生产工作监督检查不到位;大连市安全监管局对大连中石油国际储运有限公司的安全生产工作监管检查不到位[6]。

### （二）船舶溢油事故

自1993年我国从石油出口国转为石油净进口国以来,石油进口数量不断上升,沿海的石油运输量大幅增加。2017年,我国石油产品进口总量超4.2亿吨,约90％的石油产品通过船舶进行运输,我国沿海每天有多达400艘油轮航行[7]。2020年,我国石油对外依存度上升到73％。据海关统计数据,2020年我国石油进口量为5.42亿吨,其中海运量4.89亿吨,占进口总量的90％以上[8]。石油进口量的迅速增加,使港口和沿海油轮密度增加。2017年,航行于我国沿海水域的各类油轮达400艘以上。油轮（特别是超大型油轮）在我国水域频繁出现,使得原已十分繁忙的通航环境更加复杂,使船舶溢油污染风险不断增加,特别是重特大船舶溢油污染的风险,导致海上船舶溢油事故频发,对海洋渔业、旅游业及生态环境造成巨大损害。

例如,1983 年 11 月 25 日,油轮"东方大使"号(巴拿马籍)在出港中途搁浅,由于船体受损,3 343 吨原油泄漏入海水中,导致胶州湾 230 多千米的海岸线遭受严重的溢油污染,直接经济损害赔偿达 1 775 万元。2002 年 11 月 11 日凌晨,载重量 2 000 吨的"宁清油 4"号油轮,在广东南澳勒门列岛海域触礁沉没,14 名船员获救,8 名船员严重烧伤,两人下落不明,损失油品 950 吨,直接经济损失 460 万元,并对南澳海域海水养殖区、鸟类保护区和海洋生物保护区造成严重影响。2004 年 12 月 7 日,巴拿马籍集装箱船"现代促进"轮与德国籍集装箱船"地中海伊伦娜"轮发生碰撞,"地中海伊伦娜"轮燃油舱破损,导致 1 200 多吨船舶燃料油溢出,造成珠江口海域污染,全部损失达 6 800 万元。2007 年 3 月 4 日,马来西亚籍的"山姆"轮在烟台夹岛附近浅滩上搁浅,燃油舱破裂,预估溢油量 50 吨以上。

近 5 年发生了两起严重的船舶碰撞溢油事故,对周边海域环境造成严重危害,引发社会极大关注,他们分别是"桑吉"轮碰撞溢油事故及"交响乐"号碰撞溢油事故,下文将对这两起事故的事故概况、溢油处置过程、事故原因分析进行概述。

### 1. "桑吉"轮溢油事件

#### (1) 事故概况

2018 年 1 月 6 日 20 点左右,巴拿马籍油船"桑吉(M/T SANCHI)"轮与香港籍散货船"长峰水晶(M/V CF CRYSTAL)"轮在长江口以东约 160 海里处发生碰撞(图 3.3),导致"桑吉"轮全船失火,"桑吉"轮装载凝析油约 11.3 万吨,"长峰水晶"轮载有 6.4 万吨粮食。"长峰水晶"轮 21 名船员在碰撞后不久即跳水登艇并被附近目睹整个碰撞过程的"浙岱渔 03187"船长郑磊等人救起,4 天后,"长峰水晶"轮在救助拖轮的护航下靠泊舟山港卸货,"桑吉"轮 32 名船员全部遇难。1 月 14 日 16 时 45 分,装载约 11.3 万吨凝析油、预测 1 956 吨重油,燃烧了 8 天的"桑吉"轮突然发生爆燃,随后沉没,留下大面积的油污带。

"桑吉"号沉没之后,上海海上搜救中心开展后续处置工作:一是在难船现场继续实施安全警戒,定时播发航行安全信息,提醒无关船舶远离现场,防止发生次生事故;二是协调力量开展沉船扫测和探摸工作,确定沉船位置和具体情况;三是协调力量持续开展油污监测、清除工作。3 月 29 日,上海海事局通报了 2017 年度水上安全形势,指出东海"桑吉"轮后续处置工作仍在进行中。截至 3 月 20 日,上海海上搜救中心累计出动船艇 336 艘次,固定翼飞机 19 架次,累计清污面积 307.79 平方海里。根据烟台溢油应急技术中心模拟,凝析油泄漏 5 小时后,海面残存油量低于 1%,桑吉轮泄漏的油污挥发较快,暂时对海洋环境影响较小,但是由于油品持续燃烧对大气环境影响较大。

图 3.3　"桑吉"轮(左)与"长峰水晶"轮(右)事故图片

**(2)事故处置**

1 月 6 日碰撞溢油事故发生后,中国政府高度重视"桑吉"轮碰撞燃爆事故的应急处置工作,全力组织协调各方力量搜救遇险船员。政府快速启动应急响应,成立应急领导小组,以人员搜救为首要任务,全力组织我国的海事执法船、专业救助船、海警巡逻船和过往商渔船开展搜救。在搜救过程中,交通运输部中国海上搜救中心组织海上搜救、船舶结构、危险化学品处置、火灾救援等领域的专家,进行科学研判和论证,以人员搜救为首要任务来制定搜救计划和相关的工作方案。一是根据海洋局、气象局提供的落水人员、难船及溢油漂移预报和事发海域天气预报,科学制定搜救方案。二是组织协调各方力量,从山东、浙江紧急调集大型执法船,也协调了军队的无人机,协调日、韩船舶,开展海空立体扩大搜救,累计搜寻海域面积约 8 800 平方千米。三是以难船为中心、10 海里为半径设置划定了警戒区,派出海警船舶等实施安全警戒。同时,不间断发布航行警告,避免船舶误入这片区域,避免次生事故发生。四是调集清污船及大型拖轮赶往现场,从上海、浙江、江苏紧急调集清污物资,为现场清除污染做好准备,为救援工作提供医疗保障。五是加强火势和海况监测,积极寻找登船搜救机会。六是加强与有关各方的信息通报,及时向伊朗、孟加拉国的有关机构以及国际海事组织通报救援的相关情况,与伊朗驻上海总领事保持实时联系。在"西北太平洋行动计划"框架下向日本、韩国、俄罗斯通报了现场救援情况。

在海面油污清理方面,应急委员会协调力量开展海上防污清污行动,并协调国家气象部门对溢油漂移情况和现场天气海况进行预测。根据油污分布及漂移状态,使用消油剂、围油栏、吸油毡以及喷洒消防水等方式回收并促进油膜分散和挥发。根据卫星云图规划整体清污区域、按照空巡飞机通报油污分布实际情况,结合现场船艇监测情况调整清污策略,分阶段开展对现场油污的清除作业工作。

第一阶段:安排清污力量,对现场的黑色黏稠状油污使用围油拖栏、吸油毡等回收设施进行回收。在外围,对深色油膜喷洒消油剂,对浅色油膜通过消防水炮、船舶尾流等方式加速分散。现场出现大面积的连续油污带,沉船附近的油污颜色为黑色,距离沉船越远颜色越浅,逐渐呈彩色或银色油膜。

第二阶段:安排船舶在油污泄漏的核心区内使用消油剂进行清污;对深色油膜,并在风浪允许的条件下使用围油拖栏进行回收。根据卫星监测,沉船现场油污带逐步减少并呈长条状。

第三阶段:安排各清污船舶使用消防水炮及船舶尾流打散油膜加速其分散。油污清理期间,沉船附近每天早上有少量彩色或银白色油膜被发现,并很快扩散,扩散油膜的长度一般不超过300米,在大浪时油污呈现不连续状,油膜面积每天呈减少趋势。

第四阶段:为确保潜水作业的安全,另派一艘轮船进行通航警戒,提醒过路商船绕航,驱赶附近作业渔船。开展沉船燃油舱钻孔和抽取燃油、封闭钻孔工作。

截至1月30日,"桑吉"轮沉没现场累计出动船舶134艘次,使用消油剂42.5吨、吸油拖榄768米、吸油毡440千克,清污面积达到225.8平方海里[9]。

(3)事故原因

"桑吉"轮与"长峰水晶"轮构成交叉相遇局面后,根据《避碰规则》第十五条的规定,"桑吉"轮应为让路船,"长峰水晶"轮为直航船[10]。处于交叉相遇局面中的让路船"桑吉"轮始终没有履行其让路义务,是导致两船最后碰撞的重要原因。在碰撞危险形成初期本应保向保速的直航船"长峰水晶"轮，在19:34时采取了小角度转向以调整船位回到计划航线，也违反了《避碰规则》第十七条第1款的规定；后来，在两船形成紧迫局面及紧迫危险时，"长峰水晶"轮既没有独自采取行动以避免碰撞，也没有采取最有助于避碰的行动，这些也是导致两船碰撞的重要原因。

### 2."交响乐"号溢油事故

**（1）事故概况**

2021年4月27日，巴拿马籍杂货船"SEA JUSTICE"（以下称"义海"轮）由苏丹港开往青岛途中，与正在青岛朝连岛东南水域锚泊的利比里亚籍油船"A SYMPHONY"（以下称为"交响乐"轮）发生碰撞（图3.4），事故导致"义海"轮首部受损，"交响乐"轮左舷第2货舱破损，约9 400吨船载货油泄漏入海，造成海域污染，构成特别重大船舶污染事故，经初步估算，两轮破损致修理费用约3 500万元，泄漏货油价值约2 200万元。本次事故未发生人员伤亡等次生事故，应急处置历时54天。

图3.4　青岛"4.27"船舶碰撞溢油事故图

本次溢油总覆盖面积为4 360平方千米，受到溢油上岸影响的岸线总长786.5千米（含岛屿岸线），对当地渔业、生态环境造成影响。本次事故产生的应急处置费用等级债权金额约为25.36亿元，在青岛海事法院登记的渔业损失、生态环境损失债权金额共约37.4亿元。

**（2）处置过程**

海上溢油处置初期阶段（4月27日至5月5日）：清污方式以专业清污船的机械回收、物理吸附为主。鉴于"交响乐"轮所载货油仍未过驳完毕，为避免发生火灾爆炸、人员伤亡等次生灾害,清污力量主要在事故发生地点的外围区域开展清污作业,并逐步补充渔船支援,协助打捞油污。4月27日,事故发生后,青岛海事局调派"海巡11"轮、"北海救203"轮以及专业清污船赶赴事发海域,并协调青岛港、青岛引航站等单位派出力量开展清污行动。截至27日晚,有8艘专业清污船携带清污物资抵达现场开展作业。因担心发生爆炸危及船舶及人员生命安全,到达现场的清污力量主要在警戒区通过喷洒消油剂、抛投吸油毡的方式开展外围清污作业。4月29日,市指挥部召开会议,根据有关专家前期实地调查和估算,初步研判海面溢油量为400吨左右。根据"交响乐"轮测氧测爆数据,溢油监视监测和漂移模型预测信息,市指挥部不断调整清污范围和清污方案,现场清污力量逐步增加。

海上溢油处置中期阶段(5月6日至5月22日):省市两级指挥部在交通运输部的协调下从周边省市紧急调集更多专业清污船、物资投入应急行动,采用专业收油设备回收;改造拖油网、吸油拖栏等装备,提升渔船收油能力;采用两船或三船配合、单船作业等不同作业模式,清除海面油污。5月10日晚,市指挥部和生态环境部省市环境应急专家组召开专题会议,分析研判溢油量可能超过500吨,溢油威胁到烟台、威海海域。市指挥部要求坚守"三道防线":第一道防线由专业清污力量全力开展海上清污,第二道防线要全力做好近海油污拦截、打捞工作,第三道防线由沿海区政府及时做好可能漂移到近岸或已上岸油污的清理工作。青岛市相关区政府及有关单位实施"网格化"驻防,加强近岸巡视,强化敏感区域的重点布防,确保第一时间能发现近岸油污,第一时间开展清除。青岛市海上搜救中心向山东省海上搜救中心上报《关于启动〈山东省海上溢油事件应急处置预案〉的请示》。5月12日,山东省成立黄海4·27"交响乐"轮海上溢油应急处置省指挥部,将市指挥部前期建立的溢油清除"三道防线"发展为"五道防线"(在"三道防线"基础上,调集小船组成第四道防线对拦截网周边及近岸水域油污进行清理,利用草帘等方式构筑第五道防线防止上岸油污污染),持续组织各方力量全力开展溢油应急处置工作。5月14日,实施省部联动后,中国海上搜救中心调集全国沿海专业清污物资和船舶参与清污行动。山东省征调全省清污物资,协调生产厂家加班生产紧缺应急物资及装置。为防止油污大规模登陆、登岛,省指挥部加大力度,调集大量渔船开展集中清污行动。5月16日,为防止油污大规模登陆、登岛,在前期征调30艘专业清污船、148 艘渔船参与清污行动的基础上,进一步协调 600 余艘大马力渔船进行重油区清污作业;结合油污监测和漂移预测信息,调派 1 000 余艘大小船艇在青岛前海一线及重点岛屿附近海域布防清理。烟台市、威海市部分岸线受到本次溢油影响,上岸油量较少,当地及时组织清除。

海上溢油处置末期阶段(5 月 23 日至 6 月 19 日):海面溢油分散、黏度增大,吸油毡、吸油拖栏等材料失去吸油效果,专业收油机无法作业,清污作业以采用拖油网、改造后的渔网、抓斗、钩杆、笊篱等多种方式打捞为主;对有抵岸风险的油膜,使用少量溢油分散剂或者采用消防水炮等方式予以清除。6 月 4日,卫星监测油膜面积已不足 3 平方千米,油污聚集带已基本清除,开展以渔船为主的扫海行动。6 月 13 日以后,卫星遥感、直升机监测未再发现海面明显油污。6 月 19 日,专家组评估提出,溢油初期海面大面积油污已得到清除,溢油所造成的大规模污染损害已经基本得到控制,溢油对敏感区域的污染威胁已经排除,建议终止应急响应。省指挥部基于各方信息和专家评估结果研判,认为事故溢油处置行动已满足《山东省海上溢油事件应急处置预案》所规定的应急行动结束条件,决定终止应急响应。

应急处置效果:本次应急处置未发生人员伤亡等次生事故。应急处置历时 54 天,因大风大雾等恶劣天气影响,海上有效清污作业历时 44 天。累计出动船艇 30 642 艘次、直升机 64 架次,出动海上作业人员近 40 万人次、岸线巡查人员 21.46 万人次;使用吸油毡 3.3 万包、吸油拖栏 29.1 万米、溢油分散剂266 吨;海上累计清污作业面积约 6 297 平方千米、清理岸线长度 786.5 千米(含岛屿岸线),回收含油垃圾 15 430 吨、污油水 5 307 吨。青岛市生态环境局委托中国石油大学(华东)对回收的海域吸油毡、陆域含油危险废物、含油污水等含油废物进行统计评估,溢油回收量总计约 5 283 吨,占总溢油量的 56%[11]。

(3)原因分析

本起事故是"义海"轮和"交响乐"轮两船在能见度不良的水域发生碰撞,致"交响乐"轮左舷第 2 货舱破损,货油泄漏入海,造成海域污染的事故。

"义海"轮在能见度不良水域航行,未保持正规的瞭望,未使用安全航速,未及时采取有效的避让行动以及驾驶台资源管理失效等过失是造成碰撞的主要原因;"交响乐"轮未按规定发出引起他船注意的信号等过失是造成碰撞的次要原因。

"义海"轮和"交响乐"轮发生碰撞导致"交响乐"轮左舷第2货舱破损,货油泄漏入海,是造成船舶溢油污染的原因;两船碰撞后未建立有效联系以协调溢油应急行动,"义海"轮贸然采取倒车措施使两船脱离,致使"交响乐"轮碰撞破口完全暴露,导致货油快速泄漏入海,是溢油量扩大的原因。

在碰撞事故中,"义海"轮负主要责任,"交响乐"轮负次要责任。

碰撞事故造成"交响乐"轮的货油泄漏,泄漏的货油导致了相关水域污染。

## 二 国内海上溢油事故特点统计分析

海洋溢油是最常见的海洋污染之一,在各类海洋污染中危害时间最长和影响程度最大。认识到这方面的风险,我国早在20世纪70年代就开展了一系列针对海洋溢油污染的防控工作[12]。随着石油工业和海上运输业的发展,海洋溢油事故不断发生,成为威胁海洋环境和社会发展的巨大隐患。2021年,我国主要港口石油、天然气及制品吞吐量达到116 986万吨,新时期海洋溢油灾害防控工作面临巨大挑战。

通过对国内海上溢油事故年际变化、事故原因、区位、油品性质、事故类型等特点进行分析,明确我国海上溢油事故特点,作为海上溢油应急处置方案制动的参考依据。

对1974至2022年我国近海单次溢油量为50吨及以上的海洋溢油事故进行综合调查分析(不含港、澳、台地区)。历年海洋溢油事故的数据来源包括《中国海洋灾害公报》《中国近岸海域环境质量公报》和《中国海洋生态环境状况公报》以及部分事故报告等官方资料;西北太平洋行动计划(NOWPAP)和国际油轮船东防污染联合会(ITOPF)等国际组织数据库;各类文献资料记录和统计的有效数据[13-16]。此外,包括2018年"桑吉"号溢油事故数据部分参考美国国家海洋与大气管理局(NOAA)的相关事故报告,2022年"交响乐"号溢油事故数据参考青岛"4.27"船舶污染事故调查报告,主要港口石油、天然气及制品吞吐量统计数据源于国家统计局官网。

我国的溢油事故等级早期以溢油量为判断标准,在很长一段时间内普遍以50吨及以上溢油事故为较大溢油事件[17]、100吨及以上溢油事故为重大溢油事件作为统计依据,因此50吨以下溢油事故的数据往往是不完整的,很难实现可靠的分析。新修订的《防治船舶污染海洋环境管理条例》和《国家重大海上溢油应急处置预案》明确将溢油量超过 1 000 吨或溢油量超过 500 吨同时造成重大影响(敏感区域、国际影响和社会影响)两种情形判断为特别重大溢油环境污染事件。基于此,对溢油量为 50 吨及以上,500 吨及以上两类溢油污染事故进行分类统计,以获得最准确的分析结果。

### 1. 年际特点

据统计,1974—2022 年我国近海 50 吨及以上海洋溢油事故共计 118 次,其中 50 吨及以上溢油事故 92 次、500 吨及以上溢油事故 26 次;共造成油品损失 197 400 吨。两类溢油事故的年际变化如图 3.5 所示。

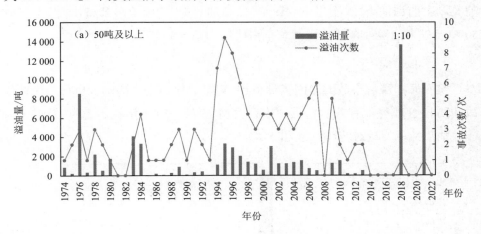

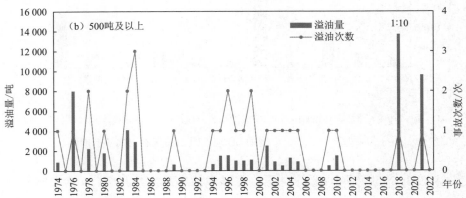

注:2018 年的"桑吉"号溢油总量已按 1:10 的比例缩减展示。

图 3.5　1974—2022 年我国海洋溢油事故次数与溢油总量的年际变化

在溢油事故次数方面:1974—2022 年,我国近海 50 吨及以上海洋溢油事故次数总体呈先增后减的态势。1993—1995 年的事故次数明显增加,1994—1997 年为事故高发期,其中 1997 年最高达到 9 次;2009 年后事故次数明显减少,2010—2018 年为事故低发期,其中 2014—2017 年事故次数为 0。

1974—2022 年,在我国近海 500 吨及以上海洋溢油事故中,1984 年最高达到 3 次,1985—1995 年和 2006—2022 年事故次数较少。

在溢油总量方面:连续大规模溢油事故出现在 1996—2005 年;2018 年"桑吉"号溢油事故以高达 137 000 吨的溢油总量占历年溢油总量的 69.4%;500 吨及以上的溢油事故(不包括"桑吉"号溢油事故)的溢油总量占比为 22.8%,50 吨及以上的溢油事故的溢油总量占比仅为 7.8%。

### 2. 原因特点

发生海洋溢油事故的原因多种多样,对事故原因进行准确分析可为溢油事故的防控管理提供有效的依据。本研究将 1974—2022 年我国 50 吨及以上海洋溢油事故的原因分为 10 类(图 3.6)。

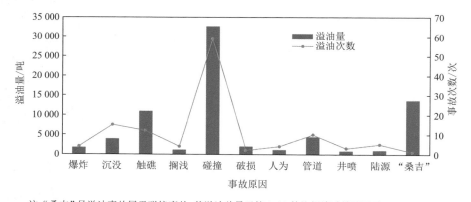

注:"桑吉"号溢油事故属于碰撞事故,其溢油总量已按 1:10 的比例缩减单独展示。

图 3.6　1974—2022 年我国 50 吨及以上海洋溢油事故的原因

由图 3.6 可以看出:碰撞是导致海洋溢油事故次数最多(59 次)和溢油总量最大(32 700 吨)的因素;触礁导致海洋溢油事故的溢油总量达到 10 967 吨,仅次于碰撞;沉没和管道导致海洋溢油事故次数分别达到 15 次和 10 次,但溢油总量较小,分别为 3 903 吨和 4 465 吨。

根据上述结果,将溢油事故的原因分为非船舶源溢油、船舶碰撞溢油和其他船舶事故溢油3个部分,进一步分析各种原因导致溢油事故次数的年际变化,并作阶段性统计。结果表明:船舶碰撞溢油和其他船舶事故溢油的发生次数均呈先增后减的态势,其中船舶碰撞溢油在2000—2009年发生次数最多(26次),其他船舶事故溢油在1990—1999年发生次数最多(18次);船舶源溢油一直是海洋溢油事故发生的主要原因,但2010年后发生次数显著减少,态势得到有效控制;非船舶源溢油发生次数较少,1980—1989年最高达到7次,之后保持在4次左右,且未见改善。

### 3. 区位特点

1974—2022年我国50吨及以上海洋溢油事故的区位分析结果如图3.7所示。

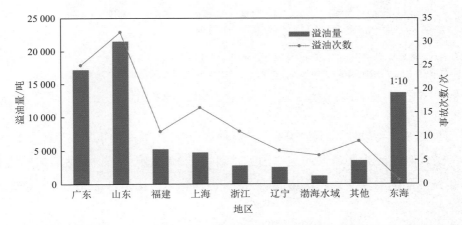

注:渤海水域接壤辽宁、河北、山东和天津,此区域非港区溢油事故单独成类统计;东海水域溢油总量已按1:10的比例缩减展示。

图3.7　1974—2022年我国海洋溢油事故的区位分析

由图3.7可以看出:1974—2022年溢油次数为15次及以上的区域为广东、山东和上海;除东海水域外,山东以32次和21 512吨的溢油总量居首位,广东以25次和17 205吨的溢油总量次之;渤海水域溢油事故达6次,考虑到区位因素和周边地区的受灾情况,该区域也是值得关注的溢油多发区。进一步分析500吨及以上溢油事故,除2018年东海海域"桑吉"号溢油事故造成10万吨以上大规模溢油外,历年受溢油影响较大的区域主要包括:广东汕头至汕尾一线沿岸水域,累计溢油总量超过8 000吨;山东青岛附近水域和广东珠江口及其附近水域,累计溢油总量超过 4 000 吨;福建沿岸水域和渤海水域受相关溢油事故影响也较大,受灾点较多。

### 4. 油品特点

1974—2022 年我国 50 吨及以上海洋溢油事故的油品类型如图 3.8 所示。

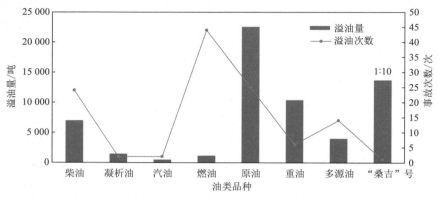

注:多源油指非单一来源的溢油污染物,包括部分事故中溢出的油浆等混合物;"桑吉"号溢油事故溢出凝析油 136 000 吨和燃油 1 000 吨,属于多源油事故,其溢油总量已按 1:10 的比例缩减单独展示。

图 3.8　1974—2022 年我国海洋溢油事故的油品分析

由图 3.8 可以看出:除"桑吉"号溢油事故外,燃油溢油事故发生次数最多(43 次),但溢油总量最大的是原油溢油事故(22 574 吨);柴油、燃油和原油 3 类传统油品的溢油次数占比超过 78.8%,溢油总量占比超过 71.7%,为主要溢油油品。

根据上述结果,将溢油事故的油品类型分为柴油、燃油、原油和其他 4 个部分,进一步分析各类型油品溢油事故次数的年际变化,并作阶段性统计。结果表明:1990 年前原油溢油事故次数一直最多,1980—1989 年最多达到 10 次;1990—1999 年燃油溢油事故次数最多达到 17 次,同期其他油品溢油事故次数最多达到 10 次,此后二者发生次数均保持下降趋势;2000—2009 年柴油溢油事故次数最多达到 12 次,与同期燃油溢油事故次数接近;2010—2022 年其他油品溢油事故次数多于其他 3 类,即新时期海洋溢油油品类型向多元化转变。

### 5. 类型特点

海洋溢油事故根据溢油方式可以分为突发大量溢油事故,少量持续溢油事故。其中,"交响乐"号碰撞溢油事故为突发大量溢油事故,康菲溢油事故持续时间长溢油量较小,为少量持续溢油事故。国内溢油事故主要以突发大量溢油事故为主,数量居多。溢油事故按照溢油点源的不同可以分为移动点源溢油事故与固定点源溢油事故。国内溢油事故以移动点源溢油事故为主,大多数船舶碰撞溢油事故均为移动点源事故,以"桑吉"轮溢油事故为代表。固定点源溢油事故包括海上管道泄漏溢油事故。按溢油事故环境特点可以区分为开阔海域溢油与封闭海域溢油,通过上述我国溢油事故区位特点分析,发现我国海上溢油事故多发生在广州、山东青岛、福建等开阔海域,封闭海域次数较少,但是在内陆河流等封闭水域发生溢油事故也较常见。

## 三 溢油应急能力处置面临的挑战

近年来,随着海洋石油工业和航运业的快速发展,海上溢油污染事故频繁发生,对生态环境和海洋资源带来了巨大的威胁同时也造成了严重的损害,引起了民众的广泛关注。海上溢油污染为我国海洋环境安全敲响警钟,让我们愈加意识到海上溢油带来的严重后果是难以弥补的,也凸显了海上溢油应急能力建设的重要性和紧迫性[18]。

相较于陆上溢油,海上溢油应急处置难度更大,因此也导致海上溢油往往产生更为严重的危害,主要体现在以下几个方面。

(1)海上溢油风险源难以确定,影响范围更大。陆上溢油风险源往往比较固定,影响范围有限,而海上溢油特别是船舶导致的溢油难以提前预测并采取措施,一旦油品泄漏,会在风、浪、流的作用下不断扩散,且目前尚无能够准确预测溢油扩散路径的方法,加大了溢油应急处置的难度。

(2)海上溢油处置的环境条件更为恶劣。海上溢油发生地往往具有风高浪急的特点,特别是远离海岸的区域,给溢油应急处置带来了极大的难度,目前常用的溢油处置设施设备大多无法在大风、大浪的环境下作业,作业效率大大下降,导致海上溢油无法得到及时有效的控制。

(3)对溢油处置设备的工作能力要求更高。海上溢油事故大多发生在恶劣的天气条件下,对溢油设备的工作性能要求极高,目前投入使用的溢油设备或溢油回收船普遍不具备在大风、大浪环境下工作的能力,如果事故海域离陆地距离远,则处置的难度将大幅提升。

(4)海上溢油应急处置产生的二次事故风险大。目前,海上溢油应急处置的自动化、智能化水平较低,进行海上溢油处置往往需要大量的船舶和人员参与,应急处置人员暴露于溢油环境中,存在火灾、爆炸、中毒等二次事故的可能性,给溢油应急处置带来严重的风险。据报道,2010 年墨西哥湾"深水地平线"钻井平台爆炸后造成原油泄漏,造成部分当地人和 47 000 名参与善后清理工作的人患病[19]。

在海上溢油应急处置方面,在面对特殊油品、冰区环境、深水海域、恶劣海况等条件下的溢油事故处置,仍面临着不同程度的挑战。

### 1. 特殊油品溢油事故处置

任何一个溢油事件,除了泄漏吨量,油种也是衡量溢油严重程度的重要指标之一。在溢油应急行业,我们一般侧重于以下 5 个特性,分别为比重(Specific Gravity)、黏稠度(Viscosity)、流点(Pour Point)、挥发性(Volatility)、沥青值(Asphaltene Content)。以上 5 个基本特性决定了一种油泄漏入海之后的表现以及风化过程,一般出现溢油事故,最好先了解油品的这 5 个基本特征,这样才能做出更好的判断。

溢油对自然环境的影响主要表现在其对生物的急性毒性与窒息性,这两种危害的比例取决于油种。轻质油流动性强、渗透力强,具有更强的急性毒性,可以快速使生物中毒。重质油的覆盖能力强,主要表现在窒息性,通常会覆盖在生物体表面,造成其窒息。

（1）重质稠油

稠油具有高黏度、高密度的特点,其主要包含了沥青质成分,含有较多的胶质,自身密度较低[20-21]。我国海上稠油集中分布在渤海地区,渤海已落实原油探明地质储量 42 亿吨,其中,地层原油黏度大于 350 mPa·s 的稠油约占 15%[22]。

根据国内设备库现存收油机的种类分析判断,现阶段国内使用的溢油回收设备对特粘油的回收效果并不理想。在处置黏度较大的稠油时,刷式收油机工作时出现滚刷转动不畅;盘式收油机的实际效率远低于给定的收油效率;鼓式收油机较刷式有更大更光滑的表面,且刮板可分离黏附的少量稠油以回收,但对于乳化油回收效果不好;在处置因风化及乳化而几乎失去黏性的油膜或油渣时,鼓式、盘式、刷式亲油式收油头回收性能基本失效。使用依靠重力作用的堰式、真空式或者使用机械传送式的收油机回收风化严重稠油效果较好,但不可避免其含水量较高,油水界面不好掌握。

由于现阶段海上油气开发对稠油开采的关注度越来越高,对于针对稠油泄漏回收的高效收油机械需求也越来越迫切。

（2）轻质凝析油

凝析油（Condensate）是一种超轻质油,无色,通常是生产天然气的副产物。天然气生产出来后,凝析出来的液态部分就成为凝析油,属于油品中最轻的一种,由碳链数量 5 至 11 的烃类组成。轻质油的特点都是点稠度低、扩散快、挥发性高、急性毒性强,但持续污染能力较弱,很容易被大自然风化,业界称非持久性油（Non-Persistent Oil）。

需要注意的是,在海上溢油事故史中仅发生过一次凝析油泄漏事故,即2018 年"桑吉"轮碰撞事故,其载运的 11.13 万吨凝析油发生泄漏,事故发生后备受各方关注。

凝析油泄漏事故处置无论从事故处理方法还是对海洋生态系统的影响来说,都不宜与原油泄漏作直接对比。凝析油泄漏的环境风险,表现在与空气混合后易爆燃,也即事故发生后持续燃烧和冒黑烟的情景。国内外研究表明[23],若在水面上,凝析油 5 小时内的挥发量可达99%以上,24 小时内几乎完全挥发,所以泄漏的凝析油残存于海面的油污量不大,只有少量会形成油膜漂浮于海面。"桑吉"号的凝析油泄漏事故也证明了这一点。

溢油的处理方法,包括围栏法、硬刷撇油器法、吸油材料法、活性炭吸附过滤法等物理方法和现场燃烧、生物制剂等化学方法。物理措施将原油吸收、捕捉后再进行分离、回收。但对于轻质油,由于其密度小、黏度小、扩散速度快等特点,各种物理方法往往难以奏效。

对于凝析油泄漏事故处置,应该保证应急人员安全第一,在事故区域设立明确的安全隔离区保障周边环境的安全。除使用吸油材料回收及消油剂喷洒处置措施外,现阶段能够采取的应急处置方式相对有限。

### 2. 冰区溢油事故处理

我国虽地处热带、亚热带和温带,但渤海和黄海北部因地理位置偏北,冬季受西伯利亚南下冷空气的直接影响,每年都有不同程度的结冰现象,成为北半球海洋结冰的南边界。一般情况下,海冰的形式主要有以下几种:当年平整冰、变形后的当年冰（包括重叠冰和当年冰脊）、多年浮冰块及冰丘、冰河冰（包括冰岛及冰岛碎块）[24]。

在我国渤海湾，每年冰封期出现的冰主要以当年冰和变形后的当年冰为主，其中以当年平整冰最为常见。目前，我国在冰区溢油应急处置技术上的研究还近乎空白，严重缺乏针对冰区溢油这一物理进程的基础性研究作为支撑，已开发的溢油预测与控制回收技术均在海冰条件下失效。为提升冰期溢油事故应对能力，加拿大、挪威、瑞典、芬兰、德国、英国等国家从20世纪70年代开始相继开展了AMOP、JIP（2006—2009）和GRACE（2016—2020）跨境联合攻关项目，对有冰水域溢油应急技术及装备进行研发。其主要研究内容包括冰期溢油行为及归宿、原位燃烧、机械回收、溢油分散剂使用、遥感监测、溢油响应指南、现场试验等。该项目发现冰期环境下机械回收面临的主要挑战是有冰和设备冻结，影响收油过程中油污的流动性和冰水与油污的分离，该项目对5种收油机在有冰环境下进行了测试，并新研发了两种冰期收油机。该项目认为原位燃烧是一种非常有效的冰期油污处置方式，并建立了原位燃烧、防火围油栏和驱油剂配合使用的作业方式。在有冰水域，必须增加额外的混合能量，以使消油剂发挥作用。冰期油污的监视监测非常重要，在海冰限制油污清理作业的情况下，监视是唯一可以开展的应急活动。该项目也对机载、空载和海面油污监视监测技术进行了研究。经过多年技术研究，北欧国家在冰期溢油遥感监测、围控回收、现场燃烧技术等方面取得了许多先进成果，研发了多种冰期溢油处置设备，并不断地进行设备完善和升级，改善设备收油效果。

目前，国内尚无冰期溢油监测和处置技术研发及应用。船载雷达、光学监测手段是否适用于渤海冰期溢油监测还需要进一步分析和验证。并且，基于渤海海冰的局部分布特点，对环保船进行改造以满足Sternmax等大型收油机作业需求的成本较高，而研发具有灵活性好、操作方便且收油效率高的独立冰期溢油回收设备将是一个有益的探索方向。

### 3. 深水溢油事故处置

近些年来，全球油气勘探活动不断向浅水、深水、超深水突破，近年来深水－超深水已成为全球油气勘探的重点领域[25-27]。在国内，自2012年党的十八大报告首次提出"建设海洋强国"战略目标以来，以中国海油为代表的石油公司，积极践行海洋强国战略，加快推进能源强国建设，相继攻克了常规深水、超深水及深水高温高压等世界级技术难题，创新了深水开发模式，形成了一系列具有自主知识产权的深水技术体系,具备了从深水到超深水全海域、全方位的作业能力[28]。

深水油气工业作为公认的高风险行业之一,其开采系统具有作业空间受限、人员和设施集中、工艺技术难度大、装备结构复杂及危险有害物质众多等特点,这些因素的存在使得深水油气开采作业存在较高的事故风险,事故一旦发生,很难得到有效控制,不仅可能造成巨大的人员伤亡和财产损失,还会造成严重的环境破坏并引发企业声誉危机。在人类进行海洋油气开采的几十年以来,国内外深水油气开采作业过程中发生的重大事故已屡见不鲜,其中以墨西哥湾深水地平线溢油事故最为严重[29]。

我国南海蕴藏着丰富的油气资源,其中有70%集中在深水海域,是我国深水油气田开发的"主战场"[30]。但是南海深水海域特殊的区域环境特点(油田离岸距离远、夏季台风频繁、冬季季风不断以及存在沙坡、沙脊和内波流等特征)和复杂油气藏特性(特别是南海天然气水合物分布较广),以及浅层灾害、地层孔隙压力和破裂压力窗口狭窄等给深水油气开发带来更多的挑战[31-32],发生水下溢油事故的风险随着深水油气的开采不断增加。

深水水下溢油处置不同于浅水及海面传统的溢油应急处置方式,其难度主要体现在以下几个方面。

首先,溢油源定位困难。深水溢油并非快速垂直浮升至海面,而是在浮射流扩散和被动输移扩散的影响下,水下溢油会以羽流形式在水体中发生垂向和水平运移,由于国内缺乏专业的水下溢油羽流监测技术装备,难以在事故过程中快速准确地获取水下溢油分布情况,进而判断溢油运移行为趋势或追溯溢油源头位置,从而无法快速制定有效的溢油应急决策,造成事故溢油源定位困难。

其次,溢油源封堵困难。墨西哥湾"深海地平线"漏油事故深刻地展示了水下泄漏源控制的巨大困难,以目前国内的设备和技术无法做到快速应急封堵。

最后,溢油的有效处置困难。深水溢油在高压低温深海条件下并非全部上浮至海面,而是部分溢油会形成絮状或羽毛状悬浮在水体中形成沉潜油,沉潜油的处置回收一直被视为溢油处置技术难点,致使传统海面溢油清污设备不能进行有效的回收处置;我国的深海石油开采区域主要集中在南海,而南海是世界上台风、热带气旋和风暴潮等自然灾害性天气的高发海域,若在恶劣海况下发生深海溢油事故，以目前大部分溢油回收处置设备只能满足 3 级海况的现状，深海恶劣海况溢油的控制及清除将面临极大挑战。

综上所述，目前我国深水溢油应急经验不足，应急处置技术、设备和能力比较薄弱，尚不完全具备深水溢油处置作业能力。

### 4. 恶劣海况溢油事故处置

根据目前的应急处置现状，不论是远海条件还是恶劣海况环境，一旦发生溢油事故，对溢油处置工作来说是极大的挑战。

当海域的海况导致航天测量船航行困难较大，无法正常测控，则称为恶劣海况。恶劣海况数值接近 5 级海况，根据船舶性能确定，一般性参考如下：1.2 万吨以下测量船风速为 17.2～20.7 m/s（8 级），浪高为 3～3.5 m；2.2 万吨以上测量船风速为 20.8～24.4 m/s（9 级），浪高为 3.5～4.0 m。

一些研究者在海上溢油应急处置方面进行了相关的研究，并取得了一定的成果，但恶劣海况下的海上溢油应急处置一直是薄弱环节[33]。

恶劣海况下的海上溢油应急处置的难点挑战包括以下几点。

第一，恶劣海况下，一旦发生油品泄漏，在风、浪、流的作用下，油膜不断扩散、快速漂移，油膜扫海面积短时间内迅速增大，提升了溢油围控回收处置的难度，同时，多变的风向及流向也加大了对溢油漂移预测的难度。

第二，目前常用的溢油处置设施设备大多只能满足 3 级海况作业条件（即浪高为 0.5～1.25 米），基本无法在恶劣海况大风、大浪的环境下作业，或者其作业效率大大下降，导致海上溢油无法得到及时有效的控制。

第三，溢油处置往往需要大量的船舶和人员参与，应急处置人员暴露于溢油环境中，处置现场存在火灾、爆炸、中毒等二次事故的可能性，恶劣环境下处置溢油会加剧人员伤亡等二次事故的可能性，给溢油应急处置带来严重的安全风险。

### 5. 远海溢油事故处置

根据国家海洋局的划分，近海海域是指近岸海域外部界限平行向外 20 海里的海域，远海海域是指近海海域外部界限向外一侧的全部我国管辖海域。根据《中华人民共和国船舶污染海洋环境应急防备和应急处置管理规定》附件《船舶污染清除单位应急清污能力要求》中"一、二级单位的应急反应时间是指从接到通知后,主要设备、人员到达距岸 20 海里的时间"[34]。以"桑吉"号碰撞溢油事故为例,沉船位置距离我国领海基线约 187 海里,距岸约 200 海里,在我国的专属经济区内,属远海海域,距离春晓油气田及日本冲绳岛较近。透过"桑吉"号碰撞溢油事故处置,可以总结出远海溢油的特点及处置风险。

### (一)环境影响大

远海海洋环境不同于内河和沿海,主要表现在气象恶劣,变化无常,空气潮湿,主要受风、浪、流、涌、潮汐等因素影响。例如,"桑吉"轮事发海域海况较差,多日阴雨,西北风 7～8 级,阵风 9 级,浪高 4 米。

受到风、浪、流、水深、夜间视线受限等影响,溢油在开阔水域的漂移情况较难跟踪定位,沉船卸载货油作业难度高,围油栏、收油机作用受限,应急处置船舶操控困难等问题突出。

### (二)高风险

远海远离陆地、岛屿,没有就近的靠泊及锚泊地,船舶 24 小时始终处于航行状态,并且围绕船舶污染源不断作绕圈循环航行,船舶不能持续顶风顶流航行,受恶劣天气、海况影响,船舶自身安全也受到影响。应急指挥的"海巡 22"轮船横摇一度达 25 度,船上救生艇被海浪打烂。同时,"桑吉"号燃爆时船舶本身处于漂移状态,现场溢出的凝析油又瞬间起火,特别是处置船舶人员在难船的下风侧时受浓烟和易燃的挥发性凝析油气体威胁,如果处置及自身防护不当极易造成二次事故。

### (三)高投入

远海船舶溢油应急处置力量、物资、时间投入较大,一是时间持续较长,二是远离后方补给地,三是船舶携带应急物资有限,四是对应急处置船舶状况有较高要求,五是投入船舶较大,六是海域面积广阔,油污扩散较快。"桑吉"号碰撞事发时距上海 160 海里,处置船从现场返回上海补给单程要航行十几小时,往返将近一天时间。当时现场有十几艘指挥、警戒和清污船舶,仅物资补给这一项工作就需要大量投入。从监视监测、污染清除、污染源探摸到抽油完工,持续时间近 10 个月,溢油清污各方面投入创我国历史之最。

### （四）高技术

远海船舶溢油不同于遮蔽或狭窄水域，现场无参照物，油污不断变化漂移，对溢油监测、油污取样、油污带推移等要求较高，仅凭处置人员肉眼观察效果甚微。

在"桑吉"号的处置中，在油污监测及预测推移方面使用了多种先进设备，如具有 DP 定位系统的"深潜号"、军用无人机、多国卫星遥感、油污漂移预测软件、海事飞机、专业监测船、水下机器人（ROV）、专业清污船等建立了天—空—海全天候立体监视监测网。溢油受重力、表面张力、惯性力和黏滞力的影响，在海面上迅速扩散为油膜并且成絮状、片状等形状，污油回收非常困难，在油污清除方面，许多高新技术也在此次事故中首次运用。

### （五）高素质

近、远海水域油污处置的高风险、高投入、高技术决定了现场处置人员的高素质，既要有较高的技术素质、身体素质，更需要较高的心理素质和综合素质。

"桑吉"号沉没地点距离韩国济州岛约 520 千米，据日本冲绳那霸约 290 千米，距离春晓油气田只有几十海里。日本、韩国、伊朗、国家海洋局、打捞局、救助局、春晓油气田公司等均派船艇参与油污处置，现场清污行动的指挥、沟通协调及污染清除作业等高要求，也决定了现场处置人员必须具备高素质。

**参考文献**

[1] 国家海洋局. 国家海洋局公布蓬莱 19-3 油田溢油事故调查情况［ER/OL］. http://sthjt. hunan. gov. cn/sthjt/xxgk/xwdt/hjyw/201107/t20110707_4636197. html.

[2] 国家海洋局. 蓬莱油田溢油事故调查组解读事故原因调查结论［ER/OL］. http://www. gov. cn/govweb/gzdt/2011-11/11/content_1990867. htm.

[3] 中国网络电视台. 官方通报蓬莱 19-3 油田溢油事故调查处理报告

[ER/OL]. http://news. cntv. cn/china/20120621/116780. shtml.

[4] 温国平. 大连新港起火爆炸事故和墨西哥湾原油泄漏事故调查报告 [ER/OL]. https://www. renrendoc. com/paper/113190467. html.

[5] https://wenku. baidu. com/view/8f51b8007075a417866fb84ae45c3b356 7ecddc5. html?_wkts_=1684148109351

[6] 国务院安委办. 国务院安委办通报大连中石油火灾4起火灾事故处 分64人[ER/OL]. https://www. doc88. com/p-602227517769. html.

[7] 尹晓娜,郭静,安明明,胡琴,刘涛. 国内外船舶溢油事故原因对比分 析[J]. 化学工程与装备,2022(06):263-264+260.

[8] 温小青. 中国石油进口海上运输通道风险与对策[J]. 世界海运, 2022,45(2):23-28.

[9] 巴拿马籍油船"桑吉"轮碰撞燃爆事故应急处置工作情况[J]. 中国 应急管理,2018(1):29-35.

[10] 孔祥生,朱金善,薛满福. "桑吉"轮与"长峰水晶"轮碰撞事故原因 与责任分析[J]. 世界海运,2018,41(6):1-8.

[11] 中华人民共和国海事局. 青岛"4·27"船舶污染事故调查报告 [ER/OL]. https://www. msa. gov. cn/page/article. do?articleId =93D989DA-CA4B-4BBC-919A-8857DE4505DF.

[12] 陈勤思,胡松. 中国近海沿岸海洋溢油事故研究[J]. 海洋开发与 管理,2020,37(12):49-53.

[13] 劳辉. 最近29年我国沿海船舶、码头溢油50吨以上事故统计[J]. 交通环保,2003(6):46.

[14] 宫云飞,赵鹏飞,兰冬东,等. 我国海洋溢油事故特征与趋势分 析[J]. 海洋开发与管理,2018,35(11):42-45.

[15] 蕙季. 1997-1999年中国沿海(长江)船舶码头溢油(化学品)事故统 计[J]. 交通环保,2000(2):43-44.

[16] 栗茂峰. 广州港近年船舶油污事故的分析[J]. 交通环保,2000(3): 31-34.

[17] 肖井坤,殷佩海,林建国,严志宇. 我国海域内船舶溢油发生次数概 率的特点[J]. 海洋环境科学,2002(1):21-25.

[18] 崔晓轩.提升我国海上溢油应急管理能力对策研究[D].天津财经大学,2020.

[19] 周俊辉,魏东泽,刘月松等.适用于恶劣海况的新型海上溢油回收装置设计与应用分析[J].机械工程师,2021,362(8):67-69.

[20] 袁栋.我国稠油开发的技术现状及发展趋势探析[J].中国石油和化工标准与质量,2021,41(11):162-163.

[21] 肖洒,孙玉豹,王少华,刘亚琼,蔡俊.渤海稠油物性特征分析及开发措施研究[J].新疆石油天然气,2020,16(4):70-77+8.

[22] 央视网.中国首个海上大规模超稠油热采油田投产[EB/OL].http://news.cctv.com/2022/04/24/ARTINn0BdvJMu1BGXa1CIDXM220424.shtml,2022-04-22.

[23] 张兆康,韩明,张祝启.天然气管线破裂应对和海上凝析液、凝析油处置[J].中国海事,2013(7):30-32+36.

[24] 黄焱,宋梦然,关湃.渤海冰期溢油特性变化规律研究[J].海洋技术学报,2016,35(4):1-5.

[25] 蒋德鑫,张厚和,李春荣,郝婧,李凡异,张文昭,孙迪.全球深水-超深水油气勘探历程与发展趋势[J].海洋地质前沿,2022,38(10):1-12.

[26] 侯明扬.深水油气资源成为全球开发主热点[J].中国石化,2018(9):66-69.

[27] 刘朝全,姜学峰,吴谋远.2021年国内外油气行业发展报告[M].北京:石油工业出版社,2021.

[28] 王璐.中国海油:实现深水油气开发新跨越[N].经济参考报,2022-10-27(004).

[29] 陈国明,朱高庚,朱渊.深水油气开采安全风险评估与管控研究进展[J].中国石油大学学报(自然科学版),2019,43(5):136-145.

[30] 安伟,杨勇,吕妍,李建伟,陈海波.深水溢油事故防范与应急处置措施探讨[J].中国造船,2012,53(S2):458-463.

[31] 李清平.我国海洋深水油气开发面临的挑战[J].中国海上油气,2006(2):130-133.

[32] 吕福亮,贺训云,武金云，孙国忠,王根海. 世界深水油气勘探形势分析及对我国深水油气勘探的启示 [J]. 海洋石油,2007(3):41-45.

[33] 周俊辉,魏东泽,刘月松,徐欣霞. 适用于恶劣海况的新型海上溢油回收装置设计与应用分析 [J]. 机械工程师,2021(8):67-69.

[34] 胡泽江. 从"桑吉"轮燃爆事故谈船舶近远海溢油应急处置能力建设 [J]. 中国海事,2019(5):44-45+50.

# 第四章
# 建立有效的溢油应急响应体系

## 一 体制机制

### （一）国际溢油响应体系建立背景

在第二次世界大战期间，发生了许多船舶溢油事故，沿海国家没有任何准备，也没有任何措施抗御溢油造成的危害，对事故涉及的沿海国水域造成了严重的溢油污染，带来了巨大损失。由此，引起了沿海国家、国际社会和联合组织对海洋环境保护的普遍关注，因而陆续出台了限制船舶排放油污和处理海上溢油的国际公约。1954年，第一个防止海洋和沿海环境污染方面的国际公约——《1954年国际防止海上油污公约》获得通过，这也是世界范围内第一个涉及控制船舶排放油和油污水入海的规则。

随着人们对海洋资源的开发与利用，海洋石油开发业和航运业迅猛发展，海上船舶溢油事故不断发生。1967年，利比里亚籍的"托雷·卡尼翁"号油轮在英吉利海峡的英格兰西南部海域触礁沉没，造成了约12万吨溢油入海。英国政府组织了20多艘大型船舶和若干小型船只对海面污油进行清除。但由于准备不足、措施不完善，仍有8万多吨原油沿英法海岸扩散，使英法两国沿海的海洋生态遭到了严重的破坏[1]。据不完全统计，从1965年到1997年，在全球范围内发生的万吨以上的船舶溢油事故达79起，溢油总量为414.6万吨。为此,美国和一些发达国家,在 20 世纪 70 年代就开始制定国家溢油应急计划、尝试建立溢油应急防备系统,并对溢油应急技术进行研究和开发。一些跨国公司生产的溢油应急设备,几经改进,更新换代,大大提高了溢油围控和溢油清除效能。

1989 年,美国埃克森石油公司的"埃克森·瓦尔迪兹"号油轮在美国阿拉斯加的威廉王子湾触礁搁浅,漏出原油 3.6 万吨,致使 1 609 千米的海岸、7 770 平方千米的海域被污染,威廉王子湾的海洋生态系统遭到了破坏,大量野生动物死亡,渔业资源受到危害,渔场被迫关闭。美国海岸警备队对该起事故跟踪了三年,埃克森石油公司为该起事故污染支付的罚款、清污费、赔偿费和其他费用约合 80 亿美元。在"埃克森·瓦尔迪兹"号油轮事故之后,美国又发生了几起重大溢油事故,引起了美国各界的强烈反响,在保护海洋环境的强大压力下,美国两院通过了《1990 年油污法》[2]。与此同时,各国也逐渐认识到对于大型溢油事故的处置,国家间的合作也显得非常重要。1990 年 11 月 19 日至 30 日,国际海事组织在伦敦召开了"国际油污防备和反应国际合作"会议,《1990 年国际油污防备、反应和合作公约》(简称 OPRC 1990) 顺利通过。OPRC 1990 要求各缔约国把建立国家溢油应急反应体系、制定溢油应急计划作为履行公约的责任和义务。OPRC 1990 已于 1995 年 5 月 13 日生效,至 2002 年底已有 51 个国家加入该公约。

### (二) 国外溢油响应体系

### (1) 美国

美国的污染应急体系于 20 世纪 70 年代开始初建成形,随着应对灾难和紧急事件的有关法律法规的相继颁布实施,污染应急体系与美国其他的灾难和紧急事件应急体系一样,具有统一的、规范的框架模式,即首先由各州和地方政府对自然灾害等紧急事件作出反应,如果紧急事件超出地方政府处理范围,在地方申请下,由总统正式宣布该地属于受灾地区或出现紧急状态,紧接着是"联邦应急方案"投入实施。这一应急模式使美国建立了既具有本国特点的又符合国际公约要求的国家溢油应急反应系统,对海上突发污染事故能够迅速有效地作出反应,控制或减少污染损害。因此,美国溢油应急反应体系主要构成是:国家溢油应急反应指挥中心和相关的州政府、地区建立的溢油应急反应系统。

国家溢油应急反应指挥中心由联邦环保总署、交通部等 16 个政府部门组成,主要负责制订全国海上溢油防治工作的规划、指挥协调各州政府、地方溢油应急反应行动。各州政府主要负责行政区域内溢油防治工作规划和协调有关部门的应急配合和支援工作。地区应急反应组主要承担具体的溢油应急行动的指挥、清污等工作。[3]

在美国,应急反应要综合考虑溢油级别和反应责任来确定。溢油事故发生后,首先由发生溢油的公司及它的保险公司对溢油事件负责,责任公司相关人员会马上按照法律规定启动溢油应急预案,并按照计划向相关部门汇报。汇报的相关内容有溢油时间、位置、责任船只的相关资料、溢油情况、相关海况、进行自救情况和打算进一步的行动、计划雇佣相应级别的溢油清除法人进行溢油清除作业等。溢油发生并且上报后,根据溢油种类、地点,由不同的机构予以处置。常设机构主要有美国环保署(EPA)、美国海岸警备队(USCG)、美国运输署(DOT)、国家紧急事件代理机构(SERC)、联邦紧急事件处理署(FEMA)和当地紧急事件委员会(LEPC)。这些机构根据有关法律分别履行各自的责任,并在应急反应过程中,按照国家反应体系的具体规定或承担指挥监控和管理,同时给予专业清污公司技术、设备和人员上的支持与辅助,以保证即使在环境恶劣、清污公司无法工作的情况下,也可以进行快速有效的溢油回收工作。

对于较大的污染事故,负责泄漏和溢油的相关组织会按污染严重程度及时上报联邦政府的国家溢油应急反应中心(该中心由美国海岸警卫队成员组成),一旦收到此报告,国家溢油应急反应中心将根据泄漏发生的情况,立刻通告事先指定的美国环保署或美国海岸警备队现场协调员参与溢油应急活动,并按照国家反应体系的规定程序重新建立反应组织。现场协调员根据当地反应和监控情况来确定是否需要联邦政府的参与。

美国海岸警卫队国家突击队由三支布局战略要点的国家突击力量和一个协调中心组成,主要任务是应对溢油和化学品泄漏。协调中心拥有国家溢油应急设备清单,为国家反应体系应急演练和培训计划的制定与实施提供协助。国家反应突击力量在发生重大海洋环境污染事件时及时参与应急反应行动。其他协助力量还包括国家污染基金中心和辖区反应组等。在应急反应中,辖区反应组的作用更为突出。美国海岸警卫队在每一个管辖区设立一个辖区反应组,保证本辖区内美国海岸警卫队所有设备的维修和保养、对地方应急计划的制定提供技术协助以及配合现场协调员的工作。[4]

美国在溢油防备和反应方面,不仅制定了较为完善的法律法规、建立了国家反应体系,而且还建立科学的溢油预防、控制和应对策略系统、信息库系统、溢油鉴别系统以及污染损害赔偿体系。在处理溢油应急处理工作中,美国还实施油污基金制度。联邦政府建立 10 亿美元的油污基金,各州政府也通过立法建立了一亿美元油污基金制度[5]。此外,对肇事者实行溢油污染责任追究。油污基金的建立可以迅速将溢油的污染损害控制在一定的范围,采取措施进行清除,随后,对污染损害程度进行评估,追究肇事者的赔偿责任。

(2)英国

英国海上溢油应急反应主要由英国海上污染控制中心负责,它隶属英国运输部海岸保卫厅,履行国际海事组织对于溢油反应方面的公约。该中心具有航空遥感监视能力、评估溢油量和溢油飘移的计算机系统,以及空中或船上喷洒溢油分散剂的能力和拥有回收或转移海上或岸上溢油的设备[6]。英国海上污染控制中心主要承担在大的溢油事故中的海上反应和岸线清除的协调工作,在协调岸线油污清除工作方面对各地政府相关部门进行技术指导。海上污染控制中心和地方政府在由运输部的海岸保卫处(在全国设立 21 个救助协调中心)、海上安全厅、渔业部门、环境部门、国防部和气象局以及大自然保护组织、各大石油公司、英国溢油控制协会组成的支持系统的支持下开展应急反应工作。海上溢油事故一旦发生,较小的事故可以由海岸保卫处的救助协调中心来组织处理,更大的事故由海上污染控制中心和地方政府来协调各相关部门来展开行动。支持系统的相关部门按各自职责向海上污染控制中心提供支持,与其他国家略有不同的是国防部在有偿情况下对海上污染控制中心提供相关知识、设备及人员的援助[7]。各大石油公司与海上污染控制中心签署志愿协议,以便海上污染控制中心在大的溢油事故时能得到这些公司的支持。此外,英国大不列颠溢油控制协会是英国溢油应急反应的一个重要支持组织,它是一个代表各公司利益的商业协会,为所有英国和海外的工业和海运污染提供设备和服务,拥有的红色报警体系能 24 小时快速为各成员公司提供各种应急反应设备和器材[8]。

（3）日本

日本溢油应急力量主要由海上保安厅和海上防灾中心（MDPC）组成。海上保安厅主要负责在海域进行监视、监督工作。针对大面积溢油，海上保安厅拥有自己的溢油清除和围控设备以及消防船，并且保证这些设备随时可用。海上保安厅为了保障对海上溢油事故的有效反应，建立了沿海环境基础数据，并且通过互联网向油污防治机构提供相关信息。为了处理海上溢油事故，海上保安厅还预测溢油漂移的方向，帮助围控和清除海上溢油。此外，海上保安厅还派出巡逻船和飞机监控海上污染，特别加强对航行密集区域的监控行动。

1976年，根据日本防治海上污染和自然灾害相关法律，日本建立了海上防灾中心，其也是日本民间海上防灾的核心机构，接受海上保安厅的指示，在发生溢油应急事故时采取措施清除溢油和其他有毒物质。其下属四个委员会——溢油清除委员会、船舶消防委员会、器材委员会和训练委员会。该中心拥有海上防灾用的船只、器材。同时，其开展海上防灾训练，推动有关海上防灾的国际协作，进行海上防灾工作的调查、研究等。日本海上防灾中心和国内159家灾难防治机构签订了合同，建立了全国的防治体系。如果发生大面积的溢油事故而肇事者无力采取措施时，日本海上防灾中心可以根据海上保安厅的指令采取行动来清除溢油，肇事者承担相应清污费用；也可以应肇事船舶所有人的委托，由日本海上防灾中心采取措施消除海上溢油。日本海上防灾中心在国内各地为油轮提供溢油应急反应设备和器材[4]。

### （三）中国溢油响应体系

（1）法律体系

我国海上溢油应急相关法律体系主要由两部分组成：一是我国签署的有关国际公约；二是我国人大和国务院等有关部门制定的相关法律法规。

表4.1 我国海上溢油应急相关法律法规

| 类别 | 名称 | 颁布机构 | 生效日期 |
|---|---|---|---|
| 法律 | 《海洋环境保护法》 | 全国人大 | 1983年3月 |
| | 《突发事件应对法》 | | 2007年11月 |
| | 《海上交通安全法》 | | 1984年1月 |

续表

| 类别 | 名称 | 颁布机构 | 生效日期 |
|---|---|---|---|
| 法规 | 《水污染防治法》 | 国务院 | 2008 年 6 月 |
| | 《港口法》 | | 2004 年 1 月 |
| | 《海商法》 | | 1993 年 7 月 |
| | 《水污染防治法实施细则》 | | 2000 年 3 月生效 2018 年 4 月废止 |
| | 《船舶吨税暂行条例》 | | 2011 年 11 月 |
| | 《防止拆船污染环境管理条例》 | | 1988 年 6 月 |
| 规章 | 《交通部拆解船舶监督管理规则》 | 交通运输部 | 1990 年 1 月 |
| | 《中华人民共和国航道法》 | | 2015 年 3 月 |
| | 《船舶油污损害民事责任保险实施办法》 | | 2010 年 10 月 |
| 行业标准 | 《港口溢油应急设备配备要求》 | | 2009 年 5 月 |
| | 《船舶溢油应变部署表》 | | 2011 年 3 月 |
| | 《船舶溢油应急能力评估导则》 | | 2014 年 1 月 |
| 规范性文件 | 《船舶污染海洋环境风险评价技术规范（试行）》 | | 2009 年 1 月 |
| | 《国家船舶溢油应急设备库设备配置规定》 | | 2008 年 6 月 |
| | 《船舶油污损害民事责任保险实施办法》 | | 2012 年 7 月 |

（2）预案体系

海上溢油应急反应预案是溢油应急管理工作中重要的组成部分,也是溢油应急管理工作有效且及时开展的重要保障。建立国家溢油应急反应预案是《国际油污防备、反应和合作公约》（OPRC 1990）规定缔约国强制性执行的条款之一,并由国际海事组织在《油污手册》第二部分应急计划中对溢油应急计划的类型、要素、构成、组织、实施等进行了相应的规定。目前,我国已基本建立海上溢油应急预案体系,明确了我国辖区范围内溢油应急组织指挥系统、相关机构职能、信息报告和披露、应急反应和处置、后勤保障等具体内容。

目前,我国海上溢油应急相关的管理职能分属于不同机构进行监督管理,相关应急反应预案也由不同管理机构进行制定和审核,分别是交通运输部海事局、生态环境部、自然资源部海洋局等涉海管理部门。我国海上溢油应急反应预案根据不同溢油源划分为三类。第一,自然资源部海洋局发布的《海洋石油勘探开发溢油事故应急预案》处理的溢油事故主要是在海上石油勘探和开发中超出了石油公司的应急反应能力范围的;第二,海事管理机构发布的《中国海上船舶溢油应急计划》主要用于应对海上船舶溢油污染事故;第三,生态环境部负责应对陆源溢油污染事故,主要参考《国家突发环境事件应急预案》执行。相关部门根据不同溢油源为海上溢油应急管理制定的计划如图 4.1 所示。

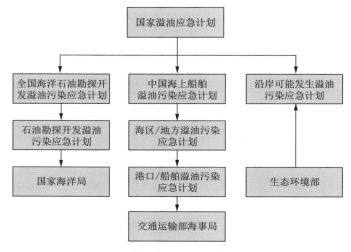

图 4.1 我国海上溢油应急预案体系

在重大海上溢油事故应对方面,2018 年 3 月,国家重大海上溢油应急处置部际联席会议审议并颁布了《国家重大海上溢油应急处置预案》,以建立和完善我国重大海上溢油应急处置工作程序。该预案的颁布和实施对重大海上溢油应急处置工作具有重要意义,对国家重大海上溢油应急预案的总体定位进行了说明,并明确了组织指挥系统应履行的相应岗位职责。《国家重大海上溢油应急处置预案》主要以应对跨区域、跨部门、跨国家的海上重大溢油应急事件为重要工作内容,详细阐述了重大海上溢油事件级别划分、适用范围、工作原则、应急组织指挥体系指挥和应急响应和处置(包括后期处置)以及综合保障等职责,进一步加强和提升了我国重大海上溢油应急管理能力,减少重大海上溢油对海洋生态环境造成的严重损害,保障海洋环境安全、公民身体健康和社会持续稳定。

在国际合作方面,与韩、日、俄周边国家共同编写了《西北太平洋行动计划区域溢油应急合作谅解备忘录》,制定了《西北太平洋行动计划区域溢油应急计划》,增强了与邻国共同应对溢油污染的合作。

(3)指挥体系

溢油应急组织指挥体系是溢油应急管理处置工作中的核心。在我国重大海上溢油应急组织指挥体系中,交通运输部负责组织、协调和指挥重大的海上溢油应急处理工作,生态环境部、交通运输部、农业农村部、国家海洋局等部门配合实施,根据各自职责,提供专业人员和溢油应急设备设施、信息保障、溢油应急技术、善后处置等必要支持。但由于涉海部门较多,职权多有重叠,缺乏统一的组织指挥体系。为此,国务院于2012年10月13日明确了我国重大海上溢油事故的应急责任,确定了国家海上搜救部际联席会议是我国海上搜救工作的领导机构,其主要职责是负责协调和处置重大海上搜救和船舶污染应急工作,相关部委和地方政府分别履行各自的职责。

中国海上搜救中心在交通运输部海事局设立了一个办公室,承担国家海上搜救部际联席会议的日常工作,负责统一组织、协调和指挥应对全国范围内海上船舶溢油应急反应活动,是处理海上船舶溢油事故的主管机关。其主要职责包括溢油事故的预防和准备、应急计划的组织实施、应急资源配置、应急培训和演练等。在沿海省市一级,依靠地方政府,建立了省、市级海上搜救中心(包括溢油应急中心)。省搜救中心办公室设立在直属海事局,负责辖区海域船舶溢油应急响应的统一组织、协调并指挥。地方和港口溢油应急成员单位由海事、环保、海洋、安监、公安、气象、保险、航运公司等有关成员组成。我国海上溢油应急组织指挥体系如图4.2所示[9]。

(4)联动机制

我国在溢油应急实践中形成了"政企民一体化"的机制,并取得了很好的效果。"政企民一体化"机制通过组织企业应急力量,动员民间团体,旨在调动社会各方救援力量,形成应急救援大联动、大合力。围绕"联防联动"应急处置目标,调动企业之间"互帮互救"能动性,切实形成"一方有难八方支援"的联动态势。

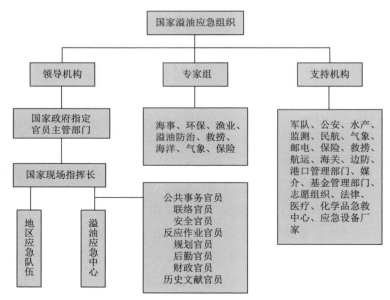

图 4.2  我国溢油应急组织指挥体系

充分发挥政府和社会应急资源整合作用,构建多位一体的应急力量体系,加强与社会各方救援力量的联动,实现优势互补、强强联合、资源共享,积极推动政府、企业、社会三方应急力量,着力构建共建、共治、共享的应急救援管理格局。

在生态环境部和交通运输部引导下,中国石油、中国石化、中国海油等企业建立了标准化的溢油应急响应程序,形成科学化的溢油应急方案,建设了集溢油应急计划编制、设备设施维保、设施溢油隐患排查以及溢油应急培训、演练、指导、实战于一体的溢油应急基地。同时,中国石油、中国石化和中国海油三大石油公司于 2011 年 11 月 10 日成立三大石油化工公司应急救援联动协调小组,建立联席会议机制,每年轮流担任牵头单位,负责溢油、消防、井控、海上救助等领域的应急救援联动协调工作。三大石油公司制定《三大石油化工公司应急救援联动协调方案》,以"依靠政府、资源共享、配置互补、联手保障"为原则,通过"依托现有、区域合作、统筹规划、协同应对、形成合力",建立和完善应急联动机制,形成保障有力、协调有序、快速反应的应急救援体系。

我国溢油应急管理体系的建设已初见成效,但是对比国外溢油污染应急响应体系的建设,仍存在一些不足:首先,溢油应急联动机制间的协作机制还有待完善,同时应将国家其他部门如气象局、农业农村部等纳入整体应急体系。其次,国家溢油污染应急响应力量较薄弱,投资建设的溢油污染应急响应中心尚未形成规模,应急和清污团队还有待加强。另外,我国溢油污染应急指挥决策系统与先进国家相比仍有差距,溢油应急响应还仅依靠经验判断和人工操作,严重制约了溢油应急工作的科学决策[9]。因此,应该根据我国溢油污染应急响应体系存在的不足,全面加强溢油污染应急响应体系建设。

## 二　基地规划

### (一) 建设规划

我国设备库建设工作始于 1996 年,交通运输部开展了溢油设备库示范工程。2007 年,《国家水上交通安全监管和救助系统布局规划》发布,计划在 16 个沿海城市建立应急设备库[1]。2010 年经国务院领导同意,中央机构编制委员会办公室印发了《关于重大海上溢油应急处置牵头部门和职责分工的通知》(中央编办发〔2010〕203 号),要求"交通运输部会同有关部门编制国家重大海上溢油应急能力建设规划[11],提出国家重大海上溢油应急能力建设的意见"。交通运输部牵头成立规划工作组,对我国的溢油应急能力现状进行彻底摸排和分析,并针对航运业、海上石油工业等海洋经济产业的发展提出溢油应急能力建设规划。2012 年,国务院印发的《关于同意建立国家重大海上溢油应急处置部际联席会议制度的批复》(国函〔2012〕167 号)要求研究编制国家重大海上溢油应急能力建设规划。国家海上搜救和重大海上溢油应急处置部际联席会议于 2016 年 1 月正式发布《国家重大海上溢油应急能力建设规划(2015—2020 年)》,并分别于 2018 年和 2020 年对规划的实施开展中期和终期督察。2022 年 3 月,《国家重大海上溢油应急能力发展规划(2021—2035 年)》(以下简称"2022 规划")发布并开始实施,为加快建设交通强国、海洋强国等国家重大战略实施,提供可靠的海上溢油应急支撑保障。

应急能力主要包括覆盖能力、运行能力、快速反应能力和清除能力四个方面。其中,溢油应急设备库作为快速反应能力和清除能力的主要载体和平台,是一项重要的基础设施,是溢油应急力量最重要的组成部分。配备的应急专业传播及辅助船舶、应急技术人员队伍、应急装备和应急物资等也是应急能力的前提和保证。

### （二）基地现状

截至 2020 年底，中央投资建成国家船舶溢油应急设备库 23 座、专业溢油回收船 5 艘，海上清除能力达 12 750 吨，国家设备库主要由海事系统和救捞系统进行建设与管理，应对事故类型主要为船舶溢油事故。其中，海事系统设备库分别由海事局和航海保障中心负责建设与管理，救捞系统设备库主要由打捞局负责[10]。根据《国家船舶溢油应急设备库设备配置管理规定》，设备库综合清除控制能力由设备库能够应对的一次溢油事故的最大溢油量进行表征，单位为吨。国家设备库是由国家财政出资建成的，日常管理由所属地方海事局负责。沿海地方政府投资建设溢油应急设备库 6 座，海上清除能力达 4 400 吨；相关企业投资建设应急基地、物资站点等 600 余处，海上清除能力达 55 850 吨，溢油应急回收物陆上接收处置能力基本充足。沿海重点水域自有海上清除能力（本行政辖区内自有的海上溢油应急清除能力）达到 1 500 吨，综合海上清除能力（按溢油应急设备库服务半径计算，本行政辖区可调用获得的海上应急清除能力）达到 5 000 吨，覆盖距岸 50 海里的海域，渤海—北黄海、长江口—宁波舟山、台湾海峡—珠江口、琼州海峡—北部湾等高风险水域清除能力局部达到 10 000 吨。

（1）渤海海域

在海事局方面，在渤海沿海的大连、天津、秦皇岛、唐山、烟台等地建立设备库，相关物资储备数据如表 4.2 所列。

表 4.2　渤海海域周边溢油应急设备物资统计

| 设备库 | 卸载泵数量/台 | 总卸载效率/$m^3 \cdot h^{-1}$ | 收油机数量/台 | 总收油速率/$m^3 \cdot hh^{-1}$ | 围油栏长度/m |
|---|---|---|---|---|---|
| 大连 | 4 | 540 | 6 | 435 | 1 001 |
| 秦皇岛 | 3 | 300 | 3 | 250 | 1 400 |
| 唐山 | 5 | 500 | 5 | 410 | 1 800 |
| 烟台 | 6 | 570 | 11 | 600 | 2 000 |

数据来源：山东海事局网站

在中央企业方面,中国海油在渤海建设 4 座溢油响应基地,分布在塘沽、渤南终端处理厂、绥中终端处理厂以及新建的东营终端厂。中石化在东营和唐山各有 1 座溢油响应基地,其中位于东营地区的是海洋石油船舶中心,该中心隶属中石化胜利油田分公司,属于正处级单位。该中心起步于 1975 年 4 月,1994年 5 月成为油田直属单位,是中石化胜利油田唯一从事船舶服务、海洋应急和港口管理的专业化单位。中石油在唐山、营口、天津、大连分别设有溢油应急基地,业务归口部门为中国石油集团公司质量健康安全环保部,主要负责渤海湾滩海、浅海及海油陆采端岛等海上勘探开发溢油突发事件的日常防控和应急救援工作。

（2）黄海海域

在海事局方面,在威海、青岛、连云港等地建立设备库,相关数据如表 4.3所列。

表 4.3　黄海海域周边溢油应急设备物资统计

| 设备库 | 卸载泵数量/台 | 总卸载效率/$m^3 \cdot h^{-1}$ | 收油机数量/台 | 总收油速率/$m^3 \cdot h^{-1}$ | 围油栏长度/m |
|---|---|---|---|---|---|
| 威海 | 5 | 500 | 7 | 340 | 1 400 |
| 青岛 | 4 | 520 | 5 | 400 | 600 |
| 连云港 | 6 | 700 | 5 | 340 | 1 800 |

数据来源:山东海事局网站

（3）东海海域

在海事局方面,在东海沿海上海、宁波、舟山、泉州、厦门等地建立设备库,相关物资储备数据如表 4.4 所列。

表 4.4　东海海域周边溢油应急设备物资统计

| 设备库 | 卸载泵数量/台 | 总卸载效率/$m^3 \cdot h^{-1}$ | 收油机数量/台 | 总收油速率/$m^3 \cdot h^{-1}$ | 围油栏长度/m |
|---|---|---|---|---|---|
| 上海 | 2 | 520 | 6 | 440 | 1 000 |
| 宁波 | 4 | 570 | 6 | 370 | 400 |
| 舟山 | 5 | 330 | 5 | 210 | 1 000 |

| 设备库 | 卸载泵数量/台 | 总卸载效率/m³·h⁻¹ | 收油机数量/台 | 总收油速率/m³·h⁻¹ | 围油栏长度/m |
|---|---|---|---|---|---|
| 泉州 | 3 | 450 | 4 | 200 | 400 |
| 厦门 | 2 | 270 | 4 | 260 | 1 000 |

数据来源：山东海事局网站

目前，按照交通运输部 2008 年印发的《国家船舶溢油应急设备库设备配置管理规定（试行）》（简称《规定》）和海事局 2016 年印发的《关于加强国家船舶溢油应急设备库运行管理的指导意见》（简称《指导意见》）的要求，长江干线陆续建设并投入运行 14 个应急设备库，配置有应急卸载、溢油围控、回收、吸附、储运及其他配套设备、物资等装备，基本具备了应对《规定》划定的特定事故下的船舶溢油综合清除控制能力。

从运行现状来看，除 2022 年刚竣工的常州海事局船舶溢油应急设备库外，其余 13 个设备库均已投入运行。现有设备库的运行模式主要有两种。

一是自主运行模式。例如，岳阳船舶溢油应急设备库（2012 年 9 月通过竣工验收，占地约 1 500 平方千米，库房建筑面积 576 平方米，属于小型设备库），采取由岳阳临湘海事处管理，指挥中心负责应急调度和危管防污处负责技术支持的自主运行模式。

二是委托运行模式。海事部门将设备库运行管理（含日常养护、定期演练和事故应急处置）委托给第三方管理，以政府购买服务的方式引入社会力量负责设备库的管理运行和维护使用；海事部门负责日常监督考核和应急情况下的指挥协调，不负责具体设备的养护和操作。目前，武汉、南京等 12 个设备库均采用此运行模式。

（4）南海海域

目前，我国政府层面在南海设立的溢油应急设备库主要有：在广东珠海设立了两个溢油应急设备库，一个大型溢油应急设备库（1 000 吨级），一个中型溢油应急设备库（500 吨级）；在广东汕头、广东深圳设立了中型溢油应急设备库（500 吨级）；在广西钦州、广东茂名、海南海口和海南三亚等地设立了小型溢油应急设备库（200 吨级），同时还设置溢油应急站点。此外，在南海设置专业溢油船舶 2 艘,分别部署在广州和海口。

在中央企业方面,中国海油在南海有 5 座溢油应急设备库,分别是深圳溢油应急设备库(200 吨级)、惠州综合应急基地(1 000 吨级)、珠海横琴溢油应急设备库(200 吨级)、珠海高栏溢油应急设备库(200 吨级)以及广西北海涠洲岛溢油应急设备库(200 吨级),同时配备了 4 艘国内最大最先进的专业溢油应急环保船,分别为海洋石油 251(溢油处置能力 100 方 / 时)、海洋石油 255(溢油处置能力 200 方 / 时)、海洋石油 256(溢油处置能力 200 方 / 时),海洋石油 258(溢油处置能力 200 方 / 时),船舶合计总溢油回收能力达到 700 方 / 时。此外,中国海油还在广东珠海建设国内最大的海底管道抢维修基地,在海南澄迈建设海上油气井控应急基地,能够有效应对海上油气突发事故。交通运输部南海搜救中心也有一定的海洋环境溢油应急能力,如南海救 117,具备溢油围控和回收功能。

域内国家为应对海上溢油风险也建立一定的溢油应急响应能力,且基于联合国、东盟国家合作框架,逐步开展区域合作,如 2010 年由中国海油下属专业溢油应急公司中海石油环保服务(天津)有限公司(China Offshore Environmental Service Ltd,以下简称 COES)联合新加坡 OSRL、韩国 KOEM 以及泰国 IESG 在北京成立的亚洲区域工业咨询集团(Regional Industry Technical Advisory Group,以下简称 RITAG),随着马来西亚 PIMMAG、日本 MDPC、印尼 OSCT 以及越南 PVDO 的先后加入,由所在国家实力最强的溢油应急组织成组成的 RITAG 代表东亚海上溢油应急行业组织的最高平台。在 RITAG 框架内除中国 COES 外,新加坡 OSRL、马来西亚 PIMMAG、印尼 OSCT、越南 PVDO 甚至是泰国 IESG,以及 RITAG 组织外的文莱国家石油公司溢油应急基地 BNPC 都可以在区域内提供应急响应,域内国家溢油应急基地加上船舶 20 小时响应范围,可以覆盖南海海域面积的 20% ~ 30%。此外,中国和东盟国家的交通和海事机构也建立了应急沟通机制,联合防范和共同处置溢油事件。

近年来,为保障我国建设交通强国、海洋强国等国家重大战略的实施,溢油应急基地的规划建设步伐加快,在数量上和布局上更趋于合理,但仍存在一些不足之处。

第一,现有基地布局应急覆盖能力不足。从应急时效性角度考虑,最初发生的短时间之内是应对溢油事故的最佳时期;随着时间的推移,溢油发生乳化、扩散、溶解等风化过程,将成倍地增加回收处置难度。以南海为例,美济岛距离三沙市约 500 海里,距离三亚市约 620 海里,而三亚到三沙约 180 海里。海况良好的情况下专业溢油应急船舶从三亚到三沙需 15 个小时,从三亚到美济岛需要 2 天,如遇恶劣海况则需要更多的时间。在沿岸海域情况好一些,但从最西部的涠洲岛应急设备库到最东部的惠州应急设备库,相隔 750 千米(船舶航距约 470 海里),中间只有海口、珠海、深圳等设备库,设备库位置分散且相距遥远,一旦发生溢油事故,无论从陆地还是海上汇集都存在很大困难。因此,我国现有的应急力量还远远无法有效应对南海海域溢油风险。

第二,现有溢油应急设备与物资配置针对性不足。目前,大部分海上原油生产在北方低温海域,高黏稠油品较多,应对高黏稠油品溢油是当前海上溢油应急面临的突出问题,常规的溢油回收装备无法满足需求,目前多采用挖掘机等手段回收海面溢油。

第三,缺乏系统的设备库物资配置、管理、报废标准。各"建管养用"单位、管理制度不够统一全面、针对性不足。各设备库制度由各地自行拟定,缺少全国统一制度标准,维保方案不健全[10]。

## 三 应急装备及技术

我国溢油应急装备和技术发展起步较晚,经过 10 余年的发展,已逐步建立起较为完善的溢油应急服务模式与网络,在溢油应急指挥能力、溢油应急监视监测能力、溢油应急清除能力、溢油装备建设等专业板块取得一定进展,各区域溢油应急能力得到有效提升。

在溢油监测技术领域,已建立遥感卫星、雷达和水下声呐等水体溢油监测手段,实现了对海上溢油的立体化监测,为海上溢油事故监测预警和事故环境影响评价提供了技术支持。

### (一) 监测预测

在海洋溢油应急处置过程中,监测预测技术是非常重要的一环。通过科学、准确地监测溢油事故的现场情况和环境影响,可以为应急处置提供有效的数据支持和科学依据,有助于缓解事故影响、降低损失。

在溢油监测预测方面,主要分为空中、水面、水下三个应用场景。在空中目前较为成熟的技术是卫星遥感技术、直升机监测、无人机光学监测技术。在水面上有跟踪浮标监测技术、船载雷达、海上溢油预测预警与应急决策支持技术。在水下主要有水下溢油源探测技术、深水期水下溢油数值模拟技术。

（1）卫星遥感监测技术

以星载 SAR 图像为主要数据源，基于 SAR 图像处理、识别解译技术、人工智能技术和基础信息数据库开发的海上溢油卫星遥感监测系统，为海上溢油快速发现提供技术支持，实现了大范围全天候的覆盖监测，监测范围覆盖整个中国近海海域。

卫星遥感的优点：监测范围大、全天候、图像资料易于处理和解译。缺点：重复观测周期长，空间分辨率低，因此受到了一定的限制。

（2）航空监测（海上溢油监测技术研究进展，刘康祎）

航空监测手段包括航空遥感监测和航空观测两种方式。航空遥感监测通过航空器（目前主要是飞机）携带各种传感器，在空中可以大范围、同步、连续监测海洋溢油，是海洋环境监测的重要手段之一（图4.3）。它具有速度快、机动灵活、覆盖面积较大、视距范围较宽、光谱和空间分辨率高等特点。

图4.3　航空监测

常用的航空遥感器包括机载侧视雷达（SLAR）、红外、紫外扫描仪（IR/UV扫描仪）、微波辐射计（MWR）、航空摄像机、电视摄影机以及与这些仪器相匹配的具有实时图像处理功能的传感器控制系统。

航空遥感的优点：部署灵活机动、遥感器可自由选择，适合指挥清除和治理工作。缺点：相关仪器十分昂贵，易受天气因素和环境条件的影响，在有雾等恶劣天气下，通常不能航行 [12]。

（3）无人机光学监测

目前，无人机在溢油监测方面主要采用的是光学镜头监测，通过无人机的视频摄像头针对溢油地点进行监测，确定溢油的基础信息（图4.4）。它可以在任意船舶或者平台上进行起降，快速对周边进行巡航监测和定点监测，针对目标地点进行定点监测，同时可以实时地将监测画面传递给指挥中心。

无人机光学监测的优点：部署灵活方便，体积小、成本低，同时具有非常高的灵活性。缺点：受天气影响严重，在大风天气难以起飞，并且通过纯光学镜头进行监测；同时受到无人机电池和操作距离的影响，监测范围有限；不能实现对溢油目标的识别，通过视频画面不能实现对溢油的准确判断，准确度不高。

图4.4　无人机监测

（4）跟踪浮标监测技术

海上溢油浮标跟踪定位监测技术是将浮标终端直接放到水面上，通过接受浮标 GPS 定位信号（图4.5），并将解析过的实时位置信息通过无线通讯系统传送至监控平台。在监控平台上能够直观地显示浮标位置、速度等信息，并且可以对受控的浮标发送相关指令，从而实现对溢油位置信息的监测。

图4.5　海上溢油浮标

跟踪浮标监测技术的优点：具有全天候实时动态海上溢油跟踪定位功能，监测范围广，能够掌握溢油的扩散范围和动态漂移的试试情况。缺点：需要购买相关的设备和设施，需要投入一定的资金进行安装和维护；受到天气影响较大，可能导致监测结果的偏差[13]。

（5）船载溢油监测雷达技术

船载溢油监测雷达是一种用于监测船舶周围溢油的雷达技术，它可以快速检测出船舶的溢油情况（图4.6）。其原理是通过搭载在船舶上的雷达系统持续发射和接收电磁波，发射的电磁波遇到海面微尺度波发生 Bragg 散射，后向散射回波被雷达接收机接受，生产海杂波图形，通过分析处理杂波获取溢油的大小、位置等

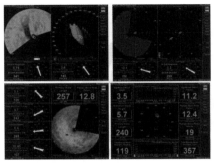

图4.6　船载溢油监测雷达

信息。

船载溢油监测雷达技术的优点：可以快速地监测船舶周围的溢油情况，并且可以操控船舶进行长时间巡航监测；且其设备成本低廉，安装和维护成本低。缺点：受环境影响大，由于船载溢油雷达技术是一种无线电波技术，当环境条件变化时，可能会影响检测结果，精度较低；船载溢油雷达的技术相对复杂，需要具备一定的技术能力才能正确使用。

（6）海上溢油预测预警与应急决策支持技术

海上溢油预测预警与应急决策支持技术是一种利用计算机模型、数据处理技术和地理信息系统等技术，对海洋溢油事故进行定量分析和预测，并为海洋溢油应急决策提供支持的技术。该系统通过耦合中国近海三维水动力模型、溢油漂移扩散模型、风化模型、清污方案优化生成模型、应急资源调用分析模型和清污效果模型，能够实现对海面溢油漂移预测、溯源回推、敏感区污染预警、应急方案生成和清污效果评估，可广泛用于辅助海上溢油应急作业、溢油应急演练和培训以及环境影响评价等工作的开展。

海上溢油预测预警与应急决策支持技术优点：能够实现溢油漂移位置的快速预测，适用于整个中国近海海域，各模型在业内具有权威性及领先性、强大的后台数据库支撑（岸线、敏感区、事故案例等），可以有效地预测海洋溢油的发生范围和持续时间，为应急决策提供准确的参考依据。缺点：模型参数设置准确性不够，数据收集和处理成本较高，海洋环境变化较快会影响预测结果的准确性。

（7）水下溢油源探测技术

水下溢油源探测技术是一种用于检测水下溢油源的技术（图4.7）。它通过分析水体中油污的形态、浓度和分布来对水下溢油源进行定位和监测，主要原理有声呐探测技术、激光荧光雷达荧光偏振技术，目前得到广泛应用的是声呐探测技术，其主要是基于水体、沉积物、含油沉积物等密度和声速差异性导致产生的散射信号不同，通过信号分

图4.7　水下溢油源探测（来源：IPIECA JIP）

析或图像识别等手段判定溢油分布区域。

水下溢油源探测技术优点：可以快速定位溢油源，可在低能见度情况下使用，且监测范围大。缺点：技术成本较高，图像解译时间长，需要购买专业的检测设备，并需要有专业的技术人员来操作，水下溢油源探测技术的检测精度较低，有时可能无法准确定位溢油源，这将影响清除污染的效果[14]。

（8）深水区水下溢油数值模拟技术

深水区水下溢油数值模拟技术是国内首次系统地利用经典的拉格朗日积分法和粒子追踪法建立了深水羽流动力模型和对流扩散模型（图4.8），阐明了深水溢油行为和归宿，准确预测不同污染物在水体中的运移轨迹；开发了国内深水区水下溢油三维仿真系统。该系统基于 C++ 语言、MFC 界面库和 OpenGL 可视化库开发，采用多重嵌套技术和资料同化技术建立了潮汐潮流预报模式，提供高分辨率三维水动力业务化预报，水平分辨率达 1/36°。

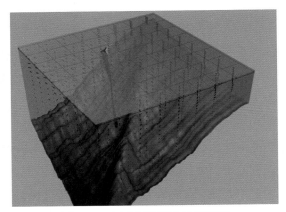

图 4.8　水区水下溢油数值模拟

深水区水下溢油数值模拟技术的优点：能够模拟水下溢油漂移、扩散、悬浮的全过程，采用高分辨率的水动力背景场，并经过深水压力模拟实验验证，增加了精度。

通过以上技术分析我们可以看到，我国在溢油应急监测预测领域已经拥有了一批自主产品，能够为溢油应急事故处置的指挥决策提供技术支持，但是同时我们也看到在某些环节还存在着一些技术不足，随着时代的发展和技术的进步，在监测预测领域仍然有很多值得我们去开发的技术。例如，在空中监测方面，现在我们确实能够搭载无人机进行溢油智能识别分析，帮我们实现低成本、快速启动、准确率高的溢油监测。在溢油漂移预测方面，现有的漂移预测软件同样存在着不能实现多点源预测、面源预测等功能，且受到环境变化、岸线变化等因素影响，其水动力模型由于长时间未更新，准确度在持续下降，有必要针对漂移预测软件进行一次全面的升级更新。在水下溢油监测方面，除水下溢油源探测技术外,缺乏针对水下羽流状态下的溢油监测手段,以便对水下溢油漂移扩散有更准确的判断,快速开展溢油应急处置工作。

### (二)溢油围控

溢油围控是将溢油进行包围、集中和导流,同时防止潜在溢油,对自然环境造成二次污染或扩大化危害,这一步是溢油处置过程中的关键,决定这后续溢油清除的效率。溢油围控主要是防止油品的不断扩散,先将油液围住再开展后续作业。溢油围控的主要设备是围油栏,围油栏的种类多种多样,我国的《围油栏的标准》中将围油栏分成 6 大类,国际上只分为 3 类,分别是帘式围油栏、栅栏式围油栏和岸滩式围油栏。我国在引入之后做了修改,把帘式围油栏分成了固体浮子式围油栏、充气式围油栏、外张力式围油栏和防火围油栏。目前溢油抢险常用的围油栏分为固体浮子式围油栏、充气围油栏、防火围油栏、岸滩围油栏等。

（1）固体浮子式围油栏

固体浮子式围油栏的浮体由固体填充或由钢制材料制成,填充固体一般为泡沫,包布材料可为橡胶布活 PVC,也可为 PU 布。其适用于港口码头及平静水域的长时间布放(图4.9)。

图4.9　固体浮子式围油栏

固体浮子式围油栏的优点:结实耐用、布放速度快、不易丧失福利、浮重比式中、可在水中长期布放。缺点:储存张迪空间较大,回收时比较复杂,工作强度大。

（2）充气式围油栏

充气式围油栏的浮体由气体填充,包布材料为橡胶布或 PVC 布,也可为 PU 布。按照气室结构可以分为单气室围油栏和多气室围油栏,其中多气室围油栏更为安全可靠,应用也更为普遍,这种结构的好处是当一个气室发生漏气时,围油栏不会因漏气而丧失浮力。另外,它还具有很好的乘浪性,特别适合在开阔水域、外海进行应急布放作业(图4.10)。

充气围油栏的优点:浮重比打,具有较好的随波性能,所需存储空间小。缺点:布放速度较慢,对刺伤、划伤比较敏感,不适合长期布放。

(3)栅栏式围油栏

栅栏式围油栏由自支持或附体支持的加强构建组成,在本身或外部的浮力、配重物和撑杆作用下在水中保持竖立,适合在平静水域使用(图4.11)。

栅栏式围油栏的优点:随波性较差,抗潮流性能好,成本低。缺点:布放复杂、储存体积大、易出现翻滚失效,不适合在开阔水域使用。

(4)岸滩式围油栏

岸滩式围油栏结构为上部设冲气囊,下部设两个水室囊,三个囊体呈"品"字型排列,保证围控高度,满足在水中的浮力要求(图4.12)。主体材料为橡胶尼龙布或PVC布。其适用于围控岸边和沙滩上随潮汐涨落冲到岸上的溢油,主要防止

图4.10 固体浮子式围油栏

图4.11 固体浮子式围油栏

图4.12 岸滩式围油栏

溢油在岸滩和陆地上外溢,可用于固定性布放,也可单独在陆地上应用[15]。

岸滩式围油栏的优点:体积小、质量轻,可折叠后装入专用包装袋,缺点:

布放和回收时表面易被刺伤、滑坡。

（5）防火围油栏

防火围油栏通常采用不锈钢附体，可承受 1 000 ℃以上的高温（图 4.13）。连接布由耐高温阻燃的防火布制成，强度高、耐磨、耐油、抗老化。其可以用于海上着火目标的围控以及可控式溢油燃烧。

图 4.13　防火围油栏

防火围油栏的优点：是能够耐高温，拦截燃烧的溢油和防止火势蔓延的特性，能接受高速唾液、恶劣海况条件。缺点：材料耐火温度要求高，成本较高。

传统的溢油围控能够满足正常情况下的溢油处置工作，根据近几年的事故经验，当面临特殊环境下的溢油处置时，传统的溢油围控方法的表现比较乏力。例如，在大风浪下无论是固体浮子式围油栏还是充气式围油栏，都容易造成围控失效，导致大量溢油外泄。此外，我国现有的防火围油栏在实用性上与国际上的防火围油栏产品仍有一定差距，存在着耐火差、极易烧断的情况。在对平台和冰区环境进行围控时，常规的围油栏容易刺穿、磨损，导致围油栏失效。

因此，我国有必要在特殊环境下的溢油围控技术方面加大投入力度，有针对性地研发恶劣海况下的溢油围控技术，研制在大风浪下能够实现稳定围控的装备，以及能应对着火等情况的耐火时间长、强度高的国产化防火围油栏，弥补在特殊环境下溢油围控装备技术不足的问题。

## （三）溢油回收

溢油回收是处理海面溢油的重要手段，主要有机械回收和人工清除两种方式。溢油回收的最终目的是在合理且经济的前提下尽可能多地回收油类。成功的回收系统必须解决遇到大量油类时该如何处理的问题以及随后这些油类的污染、集中、回收、泵送和储存问题，这两个问题是相互关联的。整个作业的回收和泵送环节常常都通过回收装置来完成。所有撇浮装置的设计宗旨都是优先回收油类而非水,但具体的设计会因预期用途而有显著差异。在机械回收方面,主要有堰式撇油器、亲油式撇油器、真空式撇油器、机械式撇油器四大类。

(1)堰式撇油器

堰式撇油器是利用油和水的密度差,通过调节浮筒的高度从而调节堰口的高度,使油恰好通过堰口流入集油槽,然后通过集油槽下方的传输泵将油输送到储存装置或容器中(图4.14)。其适合在港口、平静水域作业。

这种撇油器的优点:有成本低、尺寸小、维修比较简单。缺点:对波浪比较敏感,堰口高度不易精确调节,因此回收油中的含水量较高。

图4.14 堰式撇油器

(2)亲油式撇油器

亲油式撇油器是利用一些亲油性材料使溢油黏附其上从而达到回收的目的。亲油式撇油器又分为盘式、绳式、带式、刷式,原理基本相同。

盘式撇油器是通过马达驱动转盘在油中不停地旋转,利用转盘的亲油性,使油黏附在转盘上,被刮油片刮下后,刮入集油槽中,最后由集油槽下方的传输泵将油输送到储存容器中(图4.15)。

绳式撇油器是利用由亲油材料制成一定长度的环型绳子来吸附水面上的溢油,通过辊子挤压装置将绳中吸附的油挤出后,使油流进集油槽,最后通过传输泵将集油槽中的油传送到储存容器中(图4.16)。这种撇油器多用于水比较浅和垃圾较多的河道以及港口水域。

刷式撇油器是利用刷子对油的黏附作用,通过传送带的方式将溢油回收(图4.17)。其工作原理为含油污水通过水的自然流动和船的前进使油黏附到刷带传送器的刷毛上,在含油污水前进的过程中,由于重力作用,使水通过刷毛间的间隙又回落,这个过程降低了回收油中的含水率。油由于本身具有黏性而黏附在刷毛上,继续上升,被刮油器刮下之后,流入集油槽,最终由传送泵将污油输送到储存装置中。这种撇油器适合回收中、高黏度的溢油。

图 4.15 盘式撇油器

图 4.16 绳式撇油器

带式撇油器主要是利用带叶轮的导流泵将其周围水表面的溢油导向具有亲油性的收油带(图 4.18)。这套装置可实现油和垃圾的分离,黏附在收油带上的油被刮片或滚轮刮下后流入集油槽中。它具有较高的回收效率和回收速率,适用油的黏度范围广,一般装在船上或自成一个收油船,可回收垃圾和油块,对波浪不敏感。

图 4.17 刷式撇油器

图 4.18 带式撇油器

(3)真空式撇油器

真空式撇油器的工作原理是利用真空泵在真空罐内产生真空,通过吸管处产生压差,从而达到回收溢油的目的(图 4.19)。这种撇油器只适合在岸边及平静水域进行收油,对波浪敏感。

图 4.19 真空式撇油器

真空式撇油器的优点：操纵装置尺寸小、操作简单、便于携带与移动、对垃圾不敏感、维护容易、造价低廉。缺点：通常无法对油水进行分离，导致回收的污染物含水率较高。

（4）机械式撇油器

机械式撇油器是一种利用机械力将水中的油污分离的设备，通常由机械撇油器本体、电动机、减速器、链条、链轮、壳体等组件组成，通过机械撇油器本体内部的链条和链轮将水中的油污从水面上收集到机械撇油器本体内部的油池中，最终实现油水分离的目的（图4.20）。

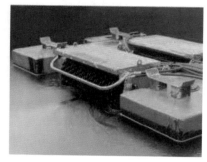

图4.20　机械式撇油器

机械式撇油器的优点：操作简便、高效、安全可靠等，能够处理重油和高度乳化的溢油。缺点：体积比较庞大，操作比较困难，且实用性不强。

（5）其他类型的收油装置

除传统的撇油器外，在特殊环境下可以考虑多种装备用于溢油回收，如通过挖掘机的挖斗进行重油的回收常常也能取得良好的回收效果（图4.21）。值得注意的是，在使用这类装备进行溢油处置时，必须充分评估其安全性，做好相关的安全保护措施。同样也有一些溢油回收船舶（专用的环保船、小型回收船）自带溢油回收装置，通过船舶自带的撇油器可以实现自主航行及围控、回收、储存等功能一体，单船就可以完成溢油回收作业（图4.22和图4.23）。在岸滩中，有时也会利用收油车（原理类似于真空撇油器）进行近岸的溢油回收工作，加大溢油处置效率（图4.24）；也可以通过在拖拉机前面增加亲油式的撇油浮筒等方式改造现有设备，实现对岸滩溢油的回收。总之，在溢油处置过程中需要利用周边的环境和已有装备结合，考虑使用撇油器的种类和回收方式，实现溢油回收的最终目的。

目前，在常规海况、油品和环境下已有多种溢油回收装置应对。但在某些特殊环境下当前的溢油回收装备和手段仍有明显不足。例如，在传统撇油器的回收受海况影响极大，在大风浪的条件下，撇油器难以保持稳定的回收效率，且容易造成一定的风险，有必要考虑研发一种针对大风浪条件的溢油回收装置，

图 4.21　挖斗机

图 4.22　小型回收船

图 4.23　导流回收船

图 4.24　岸滩收油车

提高撇油器的稳定性。在特殊环境下,面对高粘油污,现有的收油机回收效率极低,需要开发一种能够有效回收高粘油污的回收装置,提高溢油回收效率。在高危环境下,如着火、爆炸、碰撞的条件下,设备和操作人员难以靠近作业区域,可以考虑开发自动回收的溢油回收装置,如无人艇回收船等。在冰区环境下,国内外尚无较为成熟的冰区溢油回收装备,一旦发生溢油事故,难以进行快速处置,研制一种适合冰区溢油回收的装置已经迫在眉睫。同样的,目前在岸滩上由于大型装备难以进入,国内主要依靠人工的方式进行溢油清洁,效率较低,且成本非常高。开发专用的岸滩收油设备有助于提高岸滩溢油应急处置效率。在水下,目前我们建立了水下溢油监测和模拟技术,但是针对水下溢油回收的相关技术尚属空白,如果能够研发一种水下溢油回收装备,针对水下井口、管道或地质性溢油事故开展溢油回收工作,能够大大减少溢油扩散到海面上的危害,减少溢油造成的损害。

### （四）溢油处置

溢油处置通常来说是与溢油回收等其他技术手段相结合，从而实现对溢油的全面处置。目前主要溢油应急处置技术包括水面溢油分散剂喷洒技术、水下溢油分散剂喷洒技术、现场焚烧技术等[16]。

（1）溢油分散剂喷洒

溢油泄漏到水体中后，部分组分在水体溶解或分散，这是一个自然风化的过程，此过程在一定程度上能够减少溢油污染程度，但自然分散的过程非常缓慢且有限，如果向油膜喷洒三溢油分散剂，则可以加速这一分解过程，更有利于生物降解。

溢油分散剂是一种化学溢油处理剂，它类似于洗涤剂，具有水溶性和油溶性，通过表面活性剂使油的行为在水中变化，暂时分散在水体中。

溢油分散剂的优点：可以增加溢油表面积，减少挥发组分的蒸发，降低溢油急性毒害风险和火灾潜在风险；可以加速油的自然分解过程，有利于生物降解；可以减少"油包水"乳化液的形成，一定程度上减轻了油的粘附性，有利于防止油粘污动物的羽毛、沙滩以及植被，更有益于保护岸线资源。对于大面积的溢油事故，喷洒分散剂处理的方式比机械回收方法速度要快得多，提高了溢油应急响应效率；同时在恶劣海况等情况下，围油栏和撇油器的使用受到限制时，在允许的区域内使用溢油分散剂处理溢油是应急响应的唯一选择。

溢油分散剂的缺点：溢油分散剂不能将溢油真正清除，而是将其分散在水体中，最终溢油的清除还需要经过长期的生物降解；如使用不当，溢油分散剂会对水体和环境造成一定的污染，危害海洋生物和动植物的健康；溢油分散剂的使用条件有一定限制，适用于水深大于 10 米的开阔水域。

溢油分散剂的喷洒方式通常为船舶喷洒、飞机喷洒、人工喷洒和水下喷洒。

船舶喷洒是目前最常用的方式（图 4.25），通过船载溢油分散剂喷洒装备，能够方便地在船舶上开展溢油分散剂喷洒作业。其优点

图 4.25　船舶喷洒

是相对灵活,能够对指定区域进行定位喷洒,但同时受到溢油分散剂喷洒装备的影响,其喷洒效率较低,液态的溢油分散剂在储存时占有的空间较大;另外,由于船舶的机动性限制,通过船舶的方式难以实现对大面积溢油的快速喷洒。

飞机喷洒可分为直升机喷洒和固定翼飞机喷洒(图4.26)。直升机喷洒通过挂载在直升机下方的溢油分散剂喷洒装置进行喷洒,其能够快速向目标位置进行精准喷洒,但受到分散剂储罐容积和直升机载重的影响,其挂载的溢油分散剂数量有限,在面对大量溢油时,需要频繁起降补充溢油分散剂,大大降低了作业效率。而固定翼飞机喷洒能够容纳大量的溢油分散剂,并且能够对大面积溢油实现快速喷洒,极大地提高了作业效率,但成本较高,对于操作人员的技术要求较高,我国尚无专门的飞机用于溢油分散剂喷洒。

人工喷洒是利用小型溢油分散剂喷洒装备,直接通过背负的方式进行溢油分散剂喷洒(图4.27)。其优点是部署灵活,能够精准地对目标区域进行喷洒,缺点是需要大量的人力,且人员需要经过培训,主要适用于岸滩等小范围的溢油处置。

图4.26 飞机喷洒

图4.27 人工喷洒

水下喷洒装备主要应用于海底井喷溢油事故、海底输油管线泄漏及海底地质性漏油事故的溢油处置(图4.28)。装备需要安装在作业船上,采用高压泵将储罐内的消油剂打入水下油管,通过软管连接喷洒头将消油剂喷洒在水下溢油源附近,实现对水

图4.28 水下喷洒

下溢油的应急处理。其优点是能够针对溢油源进行快速精准的溢油分散剂喷洒，在水下使溢油形成小油滴，促进溢油的分散；缺点为装备的体积较大，需要安装在专业的船上，且对操作人员有一定的技术要求。

（2）现场焚烧技术

现场焚烧技术是利用防火围油栏等方式，将目标区域进行围控，通过点火设备将围控内的溢油点燃，实现溢油的可控燃烧（图4.29）。现场焚烧作业的专业性非常强，作业技巧高。其需要合适的天气状况，水域较为平静，风较小；需要专业的器具设备，同时要考虑政府的监管是否允

图4.29　现场焚烧

许，以及燃烧残渣的回收等因素。我国目前尚无现场焚烧的应用案例，缺乏相关的技术和装备储备。

现场焚烧的优点是能够快速地去除大量的溢油，防止油的乳化与搁浅，清理效率高，减少垃圾的产生与临时储存设备量、减少人力与资源的需求，对于持续性溢油控制较好。其缺点是有可能会造成一定的空气污染，有发生火灾或者爆炸的安全风险，需要平静的海况，需要政府的批准，最佳的作业时机窗口较短，需要油膜具有一定的厚度来点火，燃烧残渣的回收有一定的难度。

（3）海岸线清理技术

根据国际油轮船东污染联合会（ITOPF）的统计数据显示，绝大多数漏油都发生在靠近海岸线的领域。海上的溢油围控难以将泄漏的溢油全部回收，因此在此种情况下仍然有一定量的溢油会对海岸线造成污染。海岸线的清理通常分为响应阶段、项目管理阶段和完善阶段三部分。在响应阶段，主要工作内容是回收在海岸线附近漂浮的油类及岸上的大片油类；在项目管理阶段，主要是清楚搁浅的油类及受油类污染的海岸线物质；在完善阶段，主要是完成最后的轻度污染和油渍的清理工作。在岸线清理过程中可以使用泵、吸油卡车和小型撇油器对大片油类和沾油的海滩物质进行处理（图4.30）。对于高黏度油类、重质乳化油或半固态油类可以使用挖斗机进行直接抓取回收，也可以采用人工回收的方式回收油类和受重度污染的海岸线物质，尤其是在设备难以进入的区

域。高压冲洗机也经常用于处理搁浅或被埋的油类。

图 4.30　海岸线清理

海岸线清理能够对已经漂移和渗透至海岸的溢油进行有效处理,清除表面的溢油,加速生物降解速率。采用岸滩溢油回收设备的优点在于回收速度相对较快,但是由于岸滩的特殊性,其使用受地形的限制较大。而采用人工的方法则没有此限制,能够应对多种复杂情景的岸滩溢油,其缺点是需动用大量的人力,成本较高[17]。

国外在溢油应急装备和技术方面发展较为迅速,国外溢油应急企业应急能力分析见表 4.5。

表 4.5　国外溢油应急企业技能力分析

| 国外企业 | 主要服务项目 | 具体技术能力与水平 |
| --- | --- | --- |
| OSRL（溢油应急响应公司） | 溢油应急防备、深水溢油应急防备、应急响应支持 | 围油栏、收油机、消油剂等常规溢油应急物资全球化调配;拥有深水消油剂喷洒系统、海底井口封堵装备、海底溢油集控系统,具备深水溢油应急作业能力。 |
| MDPC（日本海洋灾害防治中心） | 溢油应急防备和响应支持、危化品应急 | 化学污染物分析、危化品泄漏响应;日本海域溢油应急响应及船舶救捞。 |
| KOEM（韩国海洋环境管理公司） | 专业应急监测、船舶应急支持、海上防污染支持 | 空中监测、水下监测、海岸线防护监测;船舶溢油应急响应、沉船救捞、人员救援;非船舶源溢油应急响应、危化品应急、船舶及海洋垃圾处置。 |
| MSRC（海上安全响应中心） | 溢油应急监测、专业应急支持、墨西哥湾防备 | 空中监测、深水监测、海岸线监测防护;溢油应急响应、船舶救捞、人员救援、危化品应急;深水溢油应急防备、深水井控、深水分散剂作业。 |
| MWCC（海洋井口控制公司） | 井控设备支持、专业应急支持 | 拥有海底井口溢油集控系统,该系统包括两艘支持船、海底脐带缆、立管和流线设备、三个封井预测器和辅助设备,具备井口溢油封堵及集控回收作业能力。 |

由此可见,国外在溢油应急装备和技术领域发展较为全面,覆盖溢油监测、溢油围控、溢油回收、溢油处置各个环节,技术手段包含空中、水面、水下以及深水领域,形成了较为完整的应急技术装备体系,以支撑海洋溢油应急响应行动。

国内的溢油应急技术经过积累和发展,已具常规的海上溢油监测、预测和回收处置能力,并达到国内领先水平。但是在复杂环境下,溢油处置、深水事故应对等方面仍然有所欠缺。在溢油监测、溢油预测、溢油围控、溢油回收、溢油处置等方面仍需要进一步发展,弥补各方面的不足,建立海陆空一体化的溢油应急装备技术体系。

## 四 应急队伍

### (一)溢油应急队伍配备

截至 2020 年,中央与地方相结合、政府与企业相结合、专职与兼职相结合的溢油应急队伍体系基本形成,全国海上溢油应急组织指挥人员超 2 000 人,应急清污操作人员超过 9 000 人(其中专职人员 3 700 余人)[18]。

溢油应急队伍的配备现状因国家、地区和企业不同而异。国内的主要溢油应急队伍包括以下几类。

国家级:中国海警、中国救助、中国海事等机构拥有专业的应急队伍。

地方级:沿海省市设立了应急机构,如广东省海洋与渔业局、上海市应急管理局等。

企业自建:大型港口、航运企业和石油化工企业自建应急队伍,如中国海油、中国石油、中国石化等。

中国海油溢油应急队伍以"专职＋兼职"模式,据统计,截至 2022 年底,专职溢油应急队员 110 人,人员类别主要包括指挥(高级指挥、现场指挥)、操作(领队、操作人员)、资源保障(基地资源管理人员、资源集结点管理人员、海上资源管理人员)、技术支持(模拟预测、卫片解析、无人机监控、策略制定)。兼职溢油队员为平台生产人员和部分船员。据统计,目前渤海油田生产人员约有4 000 人,南海油田生产人员约有 4 500 人。其中,中层管理人员、海上设施现场指挥、现场骨干人员约为 1 700 人,现场一线人员约为 6 800 人。

中国石油海上应急救援响应中心成立于 2006 年 12 月,行政上由冀东油田分公司管理,业务归口部门为中国石油集团公司质量健康安全环保部,是一支专业的海上应急救援队伍,主要负责渤海湾滩海、浅海及海油陆采端岛等海上勘探开发溢油突发事件的日常防控和应急救援工作。通过参加送外培训、集中培训,努力提高管理人员水平。据统计,应急救援响应中心累计培训溢油回收工操作工 168 人、溢油现场指挥人员 15 人、溢油高级指挥人员 7 人,培训特种作业人员 75 人,安全环保专业高级工程师 7 人,注册安全工程师 5 人,培训海洋石油作业单位主要负责人及安全管理人员 26 人。

中国石化胜利油田海洋石油船舶中心隶属中石化胜利油田分公司,属于正处级单位,该中心起步于 1975 年 4 月,1994 年 5 月成为油田直属单位,是中石化胜利油田唯一从事船舶服务、海洋应急和港口管理的专业化单位。该中心现有员工 1 100 人,用工形式 90% 采用直签模式,人员自有化程度高,人员队伍稳定,利于员工的培养成长和人才梯队建设,仅船长、轮机长等高级船员达 300余人,积累了丰富的人力资源和实战经验。公司业务和人员队伍庞大,对基层人员实行"一专多能"的培养策略,推行"水手 +"大工种设置,培训培养"水手 + 溢油回收工""水手 + 吊车司机"等复合型人才,一旦发生中大型溢油事故时,可以从其他基层中心抽调人员,快速上岗。

这些应急队伍人员的职业背景和专业技能各不相同,包括船员、消防员、环保人员、物流人员、化工人员等。总体来说,各省市和企业在应对溢油事件的应急队伍建设上还存在一定差距,需要加强投入和培训,提高应急队伍的整体素质。

### (二)溢油应急培训

为了更好地应对海洋石油勘探开发活动可能造成的污染损害,我国出台了一系列相关的法律法规,用以约束作业者的开发生产行为,更有以管理条例的形式严格规范和保证新法规的顺利执行。

2007 年 7 月,中华人民共和国海事局(CHINA MSA)与国际海事组织(IMO)、国际石油工业环境保护协会(IPIECA)三方共同签署了合作意向书。它是 IMO 所倡导的国家主管机关与企业、工业界就溢油应急反应能力建设方面开展区域性合作的良好实践,促进了政、企合作联动机制的建立,助推中国乃至区域性溢油应急响应能力建设。

中国海油以国际海事组织、英国海洋石油工业界培训组织（OPITO）以及国际油轮船东防污染联盟（ITOPF）等国际溢油应急机构和行业组织的溢油应急培训标准为基础，充分结合国内的法律法规——尤其是生态环境部、自然资源部、海事局等溢油应急主管部门制定的规章制度，并针对中国海洋环境和海洋设施的具体特点及中国特色开发了一系列（IMO 1、2、3 级）溢油应急培训课件，同时建立了溢油应急培训体系，引进了以能力开发为主的系统培训理念[19]。

（1）应急队员培训

做好师资力量的培养和储备，针对不同应急岗位，制定年度培训计划，定期组织专职应急队员开展多种形式的专业培训及演练，覆盖应急响应全流程，做到岗位覆盖、能力适配、授课精准，尽快补齐队员能力短板，练好溢油应急处置基本功，主要培训形式和内容如下。

理论培训：正确认识石油的理化特性以及在海上的行为和归宿，同时对海上石油生产设施、机械、防火防爆和职业病防护等方面开展培训。

实操训练：在进行常规溢油设备培训的同时，每年应加强新增项目的相关能力培训，如针对围油栏的固定围控进行海上抛锚固定培训，针对有毒有害气体增加气体检测和防护用品正确穿戴使用培训等。

体能训练：定期安排应急队伍开展体能训练，增强身体素质，以保证在应急状态下发挥良好的实战水平。

技术支持：模拟事故案例，采取实操形式开展溢油漂移预测软件操作、卫星图片解析、无人机操作、溢油处置策略制定等培训工作。

溢油应急中心结合海上油田主要溢油风险，通过情景构建技术设置演练场景，贴近实际场景制定应急演练计划，每月开展应急演练，演练形式包括人员应急响应、设备出动、桌面推演及典型应急事件回顾等。在协助各分公司完成码头、登陆管线和海上溢油演习的同时，开展好南北方专职应急队员与环保船的海上联动演练工作。

（2）技能比武考核

1）考核方式及内容

实操技能比武：选取围油栏、收油机、直升机和船用喷洒装置、高压清洗机、无人机等典型设备开展实操比武；

决策技术考核：模拟平台井喷、海管泄漏、船舶碰撞等典型场景，开展溢油漂移预测、卫星图片解析、溢油量估算和溢油处置策略制定等决策技术考核；

体能测试；

业务答辩。

2）考核组织要求

可对技能比武考核成绩优异的人员给予奖励，选拔培养优秀人员，充分调动应急队员日常训练和能力提升的积极性、主动性和创造性。

（3）队伍动态梯队建设

强化人员培养，打造"岗位储备丰富，人员能进能退"的动态梯队建设机制，健全晋升通道体制，稳步提升能力。同步搭建人员动态管理系统，应急队员实行 24 小时值班待命制，具备随时动员响应的条件。通过智能化手段做好能力提升的精细化管理，嵌入各项线上培训考核功能模块，形成全面覆盖、精准实施、差异化管理的能力提升总体界面。

见习生→应急队员：1 年及以上工作经验，每年考核等级为合格及以上；

应急队员→现场指挥：4 年及以上岗位工作经验；

现场指挥→高级指挥：8 年及以上工作经验。

尽管如此，对标国际化大型能源公司、国内先进企业，现有溢油应急培训工作模式同中国海油绿色低碳的核心发展战略要求还存在一定的距离，导致差距的原因主要为下述几点。

培训项目多为应急性培训，缺少计划性专项培训制度支持，与公司战略目标、策略目标及人才培养战略结合不够，不能满足公司各项业务板块、各个层级、各个岗位的人员需求。

公司现有培训制度和政策覆盖范围不全，缺乏对培训计划、组织、管理工作的整体评估及质量控制标准。

公司内部课程体系建设尚处初级阶段，对于课程的设计开发缺乏统一、规范、标准的体系支持。内部培训课程在内容的设置上以讲师的从业经历介绍和经验交流分享为主导，在形式上多以传统面授为主，培训手段单一，缺乏行之有效的内部培训管理机制。

公司现有专兼职培训讲师队伍缺乏标准化的管理制度约束，缺乏统一的领导与管理。讲师自身专业知识的持续更新略显滞后，同时公司对讲师专业授课能力的提升支持力度薄弱。

为加强应急培训建设,实现人员能力优化提升,中国海油下属安全环保公司于 2017 年 11 月完成了 IMO 油污防备、反应和合作示范培训课程溢油应急二级培训资质认证,由英国航海协会(NI,IMO 授权认证、发证机构)授予资质,至此成为中国首家完成该类资质认证的公司,获得 IMO 示范培训课程权限及唯一中文培训授权,对于国内溢油应急培训市场乃至行业都起到了引领及推动作用。公司应急培训融合国际化先进管理体系,实现质与量的巨大突破,形成独立运营界面,引领行业的同时协同政府共同构建环保及应急能力建设新平台。

IMO 培训资质作为国际通用的培训资质,得到世界各国石油企业的广泛推崇和认可,拥有该资质表明企业的培训能力已经达到国际先进水平,其培训课程和体系能够帮助各石油企业有效提升自身的溢油应急能力。作为中国首家成功取得该项资质的公司,其专业性和技术能力均已达到国际标准。与此同时,该项资质能够帮助中国海油打开溢油应急培训领域的国际市场,推动中国海油的溢油应急培训国际化、全球化,搭建中国国际溢油应急培训专业平台,有效提升公司国际地位,促进国际技术交流,开拓溢油应急培训市场,助力公司承接海外培训项目。

### (三)溢油应急演练

2019 年 4 月 1 日起正式施行的《生产安全事故应急条例》(中华人民共和国国务院令第 708 号)标志着国家对应急演练更加重视,对企业在应急演练组织实施方面的管理更加严格。突发事件类型、爆发形式及时间、演变过程具有高度不确定性,依托现有应急演练工作模式应对新形势、新要求、新任务将面临重大挑战,应急演练的不足之处突出表现在以下 4 个方面。

应急演练前期经过周密准备,演练呈现井然有序的场景,实则弱化了针对事故突发情况下心理抗压能力、装备维保水平、应急指挥人员研判能力和现场应急队伍实战能力的检验。

应急演练方案设置通常相对简单、处置过程机械化,没有表现出突发事件的突发性和不确定性。

应急人员往往生搬硬套应急预案,不能对不断变化的事故作出正确判断和决策,导致演练流于形式,不能发挥暴露问题的作用。

演练评估效果差,评估人员大多来自企业内部,受个人经验和思维局限影响大,不能完全、客观反映应急演练效果。

## 五 国际资源

### (一)国际溢油应急组织现状

(1)溢油服务公司

溢油服务公司(Oil Spill Response Limited, OSRL)前身为英国石油公司溢油服务中心(British Petroleum's Oil Spill Service Centre),于 1985 年从英国石油公司中独立出来成为专业的溢油应急服务公司。

目前 OSRL 是世界上最大的陆海溢油处理公司,其主要工作是在世界范围内清除因油气开发或者油气井泄漏事故而造成的陆海溢油污染。除了井喷与溢油事故处理的收入外,OSRL 公司的运行资金主要来自全球各地 44 家大型公司以及 118 个特殊会员单位的捐款,石油股东包括美国 Chevron Corporation (雪佛龙公司)、ExxonMobil(埃克森美孚)、澳大利亚 BHP Billiton(必和必拓)、意大利 Eni(埃尼)、Petronas(马来西亚国家石油公司)、Saudi Aramco(沙特阿美公司)、荷兰 Royal Dutch Shell(壳牌公司)以及 Statoil(挪威国家石油公司)和法国 Total(道达尔公司)等国际一流大型石油公司。

为了保证高效与快速处理井喷与溢油事故,OSRL 公司拥有一支由 6 架货运与客运飞机组成的大型飞机编队,其中包括 2 架最大载货量 24 吨的波音 7-27 飞机,1 架最大载货量 65 吨的 C-130 飞机,用于海上溢油的监测评估、化学分散剂喷洒和运送井喷、溢油处置设备及人员。

OSRL 可以为会员提供的溢油应急响应服务有:

① 全天全年不间断的国际响应;

② 10 分钟内溢油应急值班经理会做出响应;

③ 优秀的应急专家团队随时待命;

④ 可以全球开展空中喷洒消油剂作业;

⑤ 可以提供远海、近岸以及内陆环境的溢油响应;

⑥ 最高行业标准的设备保养;

⑦ 两架直升机待命,可以负责转运设备和空中喷洒消油剂;

⑧ 为会员公司执行服务等级协议研讨会(Service Level Agreement Workshops);

⑨ 可在三个地区提供设备存储:巴林(Bahrain)——中东地区、新加坡、英国南安普顿市(Southampton);

⑩ 提供全球受到溢油损害的野生动物的响应服务支持。

(2)马来西亚石油工业互助集团

马来西亚石油工业互助集团(Petroleum Industry Mutual Aid Group, PIMMAG)是一个由马来西亚石油和天然气产业组成的合作组织。该组织的成员包括马来西亚主要的油气公司,如彼得能源公司、壳牌石油公司、埃克森美孚公司等。PIMMAG 旨在通过成员间的协作与资源共享,提高对于突发事件的应对能力。

PIMMAG 在溢油事件处置方面扮演着重要角色。该组织设有专门的溢油应急反应中心,为成员提供紧急支持和建议,协调各方资源。PIMMAG 还定期进行应急演习和培训,确保成员在实际事件中能够快速、有效地响应和处理溢油事件。同时,PIMMAG 也与政府机构和其他行业组织合作,共同推进溢油治理和预防工作。

(3)海上灾难预防中心

海上灾难预防中心(MDPC)是唯一指定的海上灾难预防组织,在日本周边水域涉及特定油轮的海上事故引起特定溢油和/或火灾的情况下,该组织能够根据特定油轮船东的委托和/或日本海上保安厅司令的指示,开展特定的防油和清污行动和/或消防行动。

MDPC 建立了全国范围的灾害应对系统,并在指定区域(东京湾、伊势湾和濑户内海,包括大阪湾)和特定油轮停靠的其他主要港口区域准备了特定的防油材料并部署了除油设备;并且进一步以合理的价格向特定油轮的船东提供特定油证书的签发服务。

除了颁发特定石油证书之外,紧急响应服务于 2017 年 10 月 1 日开始,当获得证书的船只发生事故时,该服务将根据要求迅速抵达事故现场,紧急开展污染预防和清理行动。经过多年的努力以及与当局和其他有关方面的讨论,MDPC 已经能够为获得特定石油证书的船只提供更高质量的服务。

(4)韩国海洋环境管理工团

韩国海洋环境管理工团(Korea Marine Environment Management Corporation,

KOEM)成立于 2008 年 1 月,隶属于韩国海洋水产部。为了有效推动海洋环境的保护、管理和改善防治海洋污染,创造干净、清洁的海洋环境,促进绿色经济的发展,成立了海洋环境管理工团。

其主要从事的项目包括海洋环境保护与管理、海洋生态系统调查、海洋生态系统修复、海洋保护区管理、国家海洋观测网运营、港湾浮游物及废油处理、海洋废弃物净化、污染沉积物净化和修复、海洋污染防治、教育培训和国际合作、海洋环境教育、防灾教育训练、港湾拖船项目、专用拖船项目。

（5）石油工业环境安全小组协会

泰国的石油工业环境安全小组协会（Oil Industry Environmental Safety Group Association, IESG）是一个合作社,致力于发展东南亚国家的事故预防能力以及应对全国石油工业运营相关的漏油和紧急情况的能力。该协会的使命是与其成员在预防溢油和有效应对溢油事件的准备工作领域开展合作,为会员及相关人员提供培训,以发展知识型人力资源,鼓励和支持会员及相关人员标准化操作,随时随地维护可用的除油设备;加强与国内外有关政府机构和组织的合作网络,以发展应急管理方面的知识和能力。

（6）印度尼西亚溢油应急小组

印度尼西亚溢油应急小组 OSCT 成立于 2001 年,旨在保护印度尼西亚的自然环境免受石油污染,并快速有效地应对泄漏事件,其使命是保护印度尼西亚和世界的自然环境,是印度尼西亚最大的溢油应急中心。

OSCT 是一个私人的溢油应急中心,拥有在世界各地提供应急服务的专家。其总部位于西爪哇,在印尼有六个基地,在马来西亚、泰国和印度有运营基地。OSCT 印尼公司为会员储备了超过 40 000 米的海上围油栏,并提供溢油应急设备的租赁解决方案。

（7）ACS

Alaska Clean Seas（ACS）是一个非营利的溢油应急响应协会,其会员包括目前已经在或者准备在阿拉斯加北坡油田开采、生产石油或者进行石油管线运输活动的石油和管线公司。ACS 像一支消防部队一样,有组织地为溢油事故提供各种专业队伍和应急设备。

根据 ACS 的章程,所有的会员有权利在发生溢油事故后请求 ACS 的帮助,也有权利咨询 ACS 在应急计划方面的资源。如果董事会授权,ACS 也可以为非会员提供响应。

① 作业区域

ACS 的作业区域主要集中在阿拉斯加北坡、阿拉斯加大陆架外围的某些选定区域以及相邻海岸线。

② 设备

总价值 5 000 万以上的设备属于所有成员公司和 ACS 所有。其库存包括超过 91 440 米的围油栏（包括 5 790 米的防火围油栏）、185 个撇油器、8 个空中点火系统、96 艘应急船舶、小驳船、各种储油罐和储油囊、野生动植物清污装备。

③ 专业队伍

ACS 拥有大约 79 名全职员工，大约一半的员工在当地居住并且每天值班。另外，根据成员公司的互助协议，至少有 115 个响应部门可以在一天的时间内加入成员公司的溢油响应中。由承包商和 ACS 响应团队提供的超过 500 个受过训练的部门也可以为 ACS 所用。

**（二）国际溢油应急组织间合作**

（1）西北太平洋行动计划

西北太平洋行动计划（NOWPAP）是致力于东北亚一带的政府间合作计划，其全称是西北太平洋海洋和沿岸地区环境保护、管理和开发的行动计划，是联合国环境规划署区域海洋项目的一个组成部分，其成员国包括中国、韩国、日本和俄罗斯。该计划于 2003 年由四国签署，宗旨是共同应对海洋污染，保护生态环境。多年来，在 NOWPAP 计划的框架下，四国政府在面对大型溢油污染留下了很多合作经验。

2007 年 12 月 7 日，韩国西海岸泰安郡大山港锚地（距韩国首尔西南 150 千米处），一艘韩国籍浮吊船失控撞向正在锚泊的中国香港籍超级油轮"河北精神"油轮，导致 66 000 桶（10 500 吨）原油泄漏入海，成为韩国海域最为严重的一次原油泄漏事故。事故处理动用了 13 架直升机、17 架飞机、237 艘舰船，清理费用超过 3.3 亿美元。韩国方面通过 NOWPAP 与其他 3 国共享了相关信息，中国和日本分别提供了 50 吨和 10 吨的溢油应急资源进行紧急援助，共同应对溢油应急事故。而这次行动也被认为是东北亚区域最为成功的一次应急联合响应。

（2）区域工业技术咨询集团

2010年,为促进东北亚、东南亚区域间溢油应急领域合作,共享技术及管理经验、分享各国应急实践和最佳做法,由 COES、OSRL、KOEM 及 IESG 共同倡导建立区域工业技术咨询集团(RITAG)。

在5年的发展中,各成员国履行相关职责,不断促进 RITAG 成长,逐渐成为东北亚、东南亚区域内溢油应急领域的代表。目前,该组织已有来自7个国家企业或组织作为正式成员,包括中国(COES)、新加坡(OSRL)、韩国(KOEM)、泰国(IESG)、日本(MDPC)、马来西亚(PIMMAG)、印尼(OSCT),每年由各成员轮流主办交流会议。目前,COES 已与 RITAG 旗下成员 KOEM、OSCT、OSRL 等签署一系列技术及人员合作,并与 OSRL 开展互换项目,与KOEM 每年召开技术科研研讨会,与 OSCT 达成人员、科研及服务的双赢合作意向。

### (三) 国际溢油应急资源协调方式

我国周边溢油应急资源的协调调用方式主要包括设备租赁/紧急采购、专家支援等。

#### 1. 设备租赁/紧急采购

（1）租赁/采购流程

各国海关报关所需准备的材料有所不同,如含有发动机、液压站的设备可能被定义为危险品,需要出具安全检验报告,集装箱类包装设备需要出具箱检、法检、商检等资料,在部分国家海关报关时还需要出具设备的 MSDS 报告,总体流程主要包括以下六个方面。

1）签订合同

设备租赁时,确定租用需求后,双方针对设备租赁日费率、运输途中的设备待命费率、运输费用的归属及租赁期限进行约定并签订 PO(Purchase order)。

设备采购时,需要根据需求,签订买卖合同。

2）起运前设备调试

为保证甲方(需求方)所租赁/采购设备的完好性,在运输前需甲方代表在现场进行设备测试,需保证设备附件齐全、设备功能完好、工作状态满足需求,待甲方代表确认无误并请示甲方管理层后,在验收单上签字确认。

3)设备运输

a. 航班/船期的预订

根据甲方的时限要求,与货运代理公司商定此次运输的航班/船期、中转港、二程航班/船期等,并与航空公司/船舶公司提前锁定头程和二程的舱位。设备的尺寸、类别、重量都影响到航班的预订,比如设备的尺寸是否超大、设备的单位面积重量是否超重、选择何种类型的运输机,大型的运输机航次较少,需提前做好规划。

b. 设备报关

运输中最重要的环节为海关报关,各地海关对出口货物的要求略有不同,根据海关的要求及时提供或更改相关材料,直至报关通过。如果因报关程序耽误预订航班/船期,则需重新选择并预订航班/船期。报关所需准备材料清单如表4.6所示。

表4.6　报关材料清单

| 序号 | 材料名称 | 备注 |
|---|---|---|
| 1 | 设备租赁/买卖合同 | 不同的出口海关对合同内容有不同的要求,如租赁合同中要明确租赁事项、租期、费率,实际出口的设备要与合同中名称及明细相对应,有些海关还需要中文合同,需根据海关的要求对合同进行调整。 |
| 2 | 报关委托书 | 代理公司提供模板,盖乙方公司章及法人章。 |
| 3 | 报检委托书 | 代理公司提供模板,盖乙方公司章。 |
| 4 | 设备鉴定说明 | 如设备含内燃机及液压动力装置,被机场地面安检认定为危险品,需在机场请专业安全鉴定机构做DGM鉴定。需详细说明设备品名、型号、颜色、工作原理并盖乙方公司章。 |
| 5 | 设备鉴定委托书 | 如需进行DGM鉴定,由代理公司提供模板,向专业DGM鉴定机构出具委托书,写明设备生产厂家、中英文名称、规格型号、主要成分及含量等内容,盖乙方公司章。 |
| 6 | 设备租赁/买卖说明 | 向海关提供此说明,写明租赁/买卖原因、设备、租期、费用等情况,盖乙方公司章。 |
| 7 | 发票 | 不同于财务发票,代理公司提供模板,需填写设备租赁/买卖双方公司信息、贸易形式、设备名称、HS编码、设备价值、费用等信息,盖乙方公司章。 |

续表

| 序号 | 材料名称 | 备注 |
|------|----------|------|
| 8 | 箱单 | 代理公司提供模板,需填写设备租赁/买卖双方公司信息、贸易形式、设备明细、数量、重量等信息,盖乙方公司章。 |
| 9 | 报关行网上签约 | 需乙方公司使用电子口岸卡(财务部门),在网上对代理此次货物报关的报关行发起委托申请。 |
| 10 | 其他 | 设备的产品序列号、生产日期、铭牌信息,在设备包装前需要提前做好记录,在报关时需要相关信息。 |

c. 保险

为防止在运输途中设备损坏、丢失等因素对乙方造成的损失,应对设备进行投保,货运代理公司可代理乙方与保险公司签订保险合同,需提供设备的保险价值,根据保险公司的不同保费,一般为保额的 1‰～3‰,有一定的免赔额,可以通过提升保额以弥补免赔额的部分。

d. 清关

设备抵港后,由甲方自行清关,需乙方提供箱单、发票和提单。

4)设备使用前调试

设备抵港清关完毕后,由乙方技术人员前往印尼进行技术支持、设备调试和培训工作,待甲方确认设备调试工作正常后,双方再次进行交接并签字确认。此后,设备由待命状态变为使用状态,费用由待命费率变为租赁费率。

5)设备复原(租赁设备)

甲方在租赁使用完毕后,与乙方沟通联系,由货运代理公司负责将设备运回国内,报关材料的准备根据印尼海关要求略有变更。待设备完成乙方国内清关后,甲方需派代表赴乙方公司进行设备交付的调试和验收工作。

6)支付费用

设备租赁时,根据 PO 中约定的费率,按照设备的租赁天数、待命天数计算此次的租赁费用,由甲方向乙方支付费用。

设备采购时,根据买卖合同约定支付相关费用。

(2)问题分析

设备运输过程所用时间由很多不可控因素影响,可能影响到货时间。

第一,报关所需材料是否满足海关要求,设备不同、出口海关不同,所需准备的材料会有所不同,如在印尼海关报关时还需要出具设备的 MSDS 报告,如未提前准备需耗费较长时间等待专业检验机构对货物进行检验并出具报告。

第二,船期或航班是否容易预订,部分固定线路的船期一周只有一班,如果因为报关原因没有赶上预订的船期,只能等待下一周同班次船期,中途不能更换船务公司预订其他船期,否则货物将涉及退关等环节,耗时将更长。在采用航空运输预订航班时,受货物的尺寸、重量和包装等因素制约,需询问多地机场、航空公司是否接受该类货物的承运业务,能满足大型货物运输的飞机更是班次少、要求高,甚至有被航空公司拒收货物的情况,因此需要货运代理公司不断地与航空公司沟通,寻找并提前预订合适的航班。

第三,空运设备需要中转时,中转机场所在地不利的天气条件、安全形势等可能造成货机滞留、机场关闭,也会对货运周期造成较大影响。

第四,由于国内外工作日安排不一致,可能会造成由于某一方单方面原因所造成的货运周期的延滞。例如,设备入关时间处于法定节假日时,国内货运代理、报关行、海关休假,不能进行正常货运流程的申报,会造成设备不能及时入关。

因此,为提高资源调动效率,有效节省货运周期,日常应做好相关准备工作。首先,合理选择运输方式,含有发动机、液压动力装置等动力元件的设备在机场地面安检时可能会被认定为危险品,不准进入货场及运输,最好通过海运运输。其次,确保电子口岸卡处于可用状态,每年检查用于登录电子口岸系统的电子口岸卡的法人卡和操作员卡是否在有效期内,其操作权限是否正常,如出现"不在有效期内"或"操作权限异常",应及时进行电子口岸卡更新工作,该工作一般需要 5 ～ 7 个工作日。

### 2. 专家支持

加入国际溢油应急组织(如 RITAG)的成员单位,可自行签订应急互助协议、谅解备忘录等,在一方发生大型溢油事故或需要他方技术、策略支持时,可以邀请他方专家、技术或操作人员前来支援。

双方或多方签订应急互助协议或签署谅解备忘录时,应明确各方专家库信息。专家库根据约定的管理机制,定期更新相关信息,包括姓名、年龄、单位、职务/职称、联系方式、签证类型及要求等。信息更新后,应及时发送给相关方。

## 六 关于完善溢油应急响应体系的思考

第一，在国家层面统筹应急基地和设备库的规划建设和发展，提供相应扶持政策和资金支持。溢油应急装备配置应根据区域溢油风险、油品性质和环境因素等综合考虑，并有针对性的搭配，不能各地、各企业"各自为战"、简单重复的配置一般类型的设备。同时，应建立完善各海域溢油应急基地和设备库管理和运营协作机制，加强基地和设备库管理，最大限度实现应急资源共享，节约社会应急成本。

第二，加强应急技术装备引进与自主研发，加快解决深水溢油处置和特殊环境下溢油应急技术和能力短板。深入与国际一流溢油应急公司的交流合作，技术引进与研发齐头并进，快速发展配套的溢油应急力量。与此同时，加快相关技术自主研发，突破深水水下溢油监测、回收、水面防火围控等"卡脖子"的关键技术。

第三，通过建设选拔、培训、考核、发证等标准程序及阶梯形人才培养机制，形成一批国家级、国际级的专家队伍。建立健全溢油应急培训管理体系，建立标准化、规范化应急培训课程库，优化评价机制；建立应急培训基础数据库，按层级、分专业实施精准培训管理；探索建立统一的溢油应急取证标准，规范溢油应急培训机构准入管理，从资质认证、课程审核、师资评估、设施检查等方面全方位评估培训机构能力，确保培训质量。同时，在应急演练方面，以"不发通知""不打招呼""直奔基层""直插现场"的突击式实战演练代替传统演练，解决传统演练"演大于练"的问题，更有效的检验和提高队伍应急能力。

第四，建立智慧应急系统，打造集溢油应急资源管理、溢油监测、溢油漂移预测、应急决策等模块于一身的数字化应急管理平台，为溢油事故决策及快速响应提供数字化支撑，提高溢油应急标准化管理及科学决策水平，提高溢油风险防范能力，从而保障溢油清除的快速有效性。

第五，加强国际行业交流。一方面，充分利用西北太平洋行动计划（NOWPAP）等政府间合作形式，畅通沟通渠道，明确区域应急合作机制，总结历史合作经验，组织开展政府间区域联合溢油应急演练。另一方面，加强国内企业与 RITAG 旗下成员单位和组织的沟通交流，定期组织交流会，分享企业或组织发展情况、科研成果和应急经验等。在人才培养、技术交流和探索等方面应深化合作,扩充高素质专家队伍,推动技术革新和行业发展。

**参考文献**

[1] 宁庭东.船舶油污事故的损害评估及应急处理[D].大连:大连海事大学,2006.

[2] 赵兴林.对海上溢油应急反应计划的研究[D].大连:大连海事大学,2005.

[3] 孙守镇.锦州港溢油风险评价及应急管理研究[D].大连:大连海事大学,2009.

[4] 陈武祥.船舶污染专业清污队伍社会化管理研究[D].大连:大连海事大学,2013.

[5] 沈光玉.渤海及邻近海域船舶溢油事故风险评价及规避研究[D].大连:大连海事大学,2012.

[6] 苏庆威.海南西部海域船舶溢油应急管理研究[D].大连:大连海事大学,2013.

[7] 李现峰.国家与地方海上污染事故应急机制的整合分析与建议研究[D].大连:大连海事大学,2013.

[8] 王海潮.关注能源运输,共享蓝色海洋[J].中国海事,2007(11):4-7.

[9] 崔晓轩.提升我国海上溢油应急管理能力对策研究[D].天津:天津财经大学,2020.

[10] 宋文波.我国海上溢油应急管理研究[D].天津:天津财经大学,2020.

[11] 纪玉龙,李铁骏,孙玉清,韩俊松,管永义.论我国海上污染事故应急机制改革[J].世界海运,2013,36(5):21-23.

[12] 刘康炜,杨文玉.海上溢油监测技术研究进展[J].安全、健康和环境,2012(7):3.

[13] 赵平,鲍金玲,李涛,等.海上溢油浮标跟踪定位及动态监控技术研究[C]//2010年船舶防污染学术年会论文集.2010.

［14］李建伟,安伟,赵宇鹏,等. 水下油污应急处置技术研究进展［C］//
中国海洋工程咨询协会海洋生态文明建设交流会. 中国海洋工程咨
询协会,2014.

［15］王伟,赵岩. 浅析海上溢油事故处置过程［J］. 当代化工研究,
2021（17）:2.

［16］刘莉峰,曲良,王辉. 溢油分散剂在深水油气勘探开发溢油污染处置
中的应用［J］. 海洋开发与管理,2013,30（3）:6.

［17］ITOPF's series of Technical Information Papers. https://www. itopf.
org/knowledge-resources

［18］交通运输部. 国家重大海上溢油应急能力发展规划（2021—2035
年）,2022-3-29.

［19］霍然. 海上溢油应急培训现状及展望［J］. 现代职业安全,2022（08）:
64-65.

# 第五章
# 海上溢油处置战略战术研究

　　有效而成功的海上溢油应急处置，在很大程度上取决于指挥者和管理者的战略战术选择。需要完善的应急管理体系、合适的组织机构、科学的应急决策制定以应对溢油处置各个阶段遇到的问题。在溢油处置的各个阶段中经常需要做出艰难的决策与妥协，在各决策之间进行考量时，需要制定一系列的管理原则和处置策略，保障应急处置的顺利进行。在实际处置战略中，首先需要有应急管理体系作为指导应急作业的基础，应急管理体系中将包含应急的基本原则和应急战略战术选择的过程。其次，要明确应急目标制定的原则，在应急发生时，尤其是应急初期，在有限的应急资源下，明确应急目标，确定好应急的优先级，有助于最大限度地发挥溢油应急资源的作用。再次，在应急目标确定的情况下，需要围绕应急目标制定合理的战略战术，选择合适的处置策略，制定现场处置方案。同步考虑与处置方案相匹配的溢油应急资源调配管理，贯彻执行处置策略。在溢油应急处置的全周期也需要做好全面的信息管理，保证信息传递的准确性。最后做好应急过程中的安全控制，保障应急响应过程中的安全，实现溢油应急全周期的高校管理。

## 一　应急管理体系的建立

　　近年来，我国的应急管理工作取得长足的进步，但是在突发事件管理的决策过程方面,缺少科学有效的应急指挥管理程序,尤其是大型突发事件的应急指挥管理方面存在一些问题,如处置效率不高、救援人员伤亡、信息沟通不畅、所用术语不同、各部门管理混乱等问题。近几年发生的大型事故更是给人们敲响了警钟,面对大型事故如何有效指挥管理,减少人身、环境、财产和声誉的损失,保障生命安全和企业的利益,值得我们深入研究。在此种情况下,国家也在借鉴先进的经验,寻求更科学有效的指挥管理方法来提升指挥管理水平。

在不断学习、探索的过程中,源自美国的事故应急指挥系统(Incident Command System,以下简称 ICS)的经验和做法给了我们很多启示。ICS 在指挥思想、指挥流程、责任分工、管理程序等方面的优点高度契合应急管理人员不断提高应急指挥管理水平的初心。ICS 虽然是一套有效的应急指挥管理方法,也广泛应用于欧美政府、石油行业及其他工业领域,但其框架和流程与中国企业的应急管理体制有很多不同,并不能直接应用。因此,应以美国 ICS 为研究对象,通过对 ICS 的吸收、转化和融合,逐步建立起中国特有的应急指挥管理体系,以帮助我们在面对大型突发事故时更有效地进行指挥和管理,提高应急效率,减少事故损失。

国内企业在充分考虑了自身的特点后,也开展了相关的研究,如中国海油在吸收融合 ICS 的理念后,创立了中海油特色的中海油应急管理体系(CNOOC Incident Management System,简称 CIMS),从应急组织机构人员配置、运行规则、应急资源管理、应急信息管理等方面为中海油应急管理能力进行全面、系统、标准化的升级,助力应急管理实现应急决策科学化、应急资源最优化、应急信息管理可控化,助推应急管理达到新的水平,提高应急管理效率。

## (一) 应急响应标准化的理论基础

企业应急响应标准化管理是以国家法律法规合规性为前置条件,以公司实际情况为立足点,充分借鉴标准化管理体系的内容,建设符合公司管理实践的应急管理体系。以中国海油下属某企业为例,开发应急响应标准化体系遵循以下五个原则。

### 1. 系统性原则

企业突发事件应急管理是一个全过程的系统性管理,包括预防准备、处置、恢复三个阶段(应急管理一般分为四个阶段,但分法不统一,一种分法是预防、准备、处置、恢复;另一种分法是预防与应急准备、监测与预警、应急处置与救援、事后恢复与重建——这是突发事件应急管理的分法)。在预防准备阶段,标准化体系对突发事件应急管理过程中的重要三要素(人、资源、方法)要有具体安排规定,也就是组织架构的构成及分工要具体,应急资源储备、动用要求要具体;在应急响应阶段,有明确的应急响应流程、信息传递渠道、应急决策流程、应急信息管理流程制度;在恢复阶段,标准化体系能够对应急管理全过程进行绩效评估,深刻剖析应急管理中存在的问题,制定相应的解决措施,从而提高今后预防和处置突发事件的能力。

### 2. 合规性原则

国家在《中华人民共和国安全生产法》(2014 年修订)(中华人民共和国主席令第十三号)和《中华人民共和国突发事件应对法》(2007 年)(中华人民共和国主席令第六十九号)提出相关要求,在《生产安全事故应急条例》(2019 年)(中华人民共和国国务院令第 708 号)、《生产安全事故应急预案管理办法》(2016 年)(国家安全生产监督管理总局令第 88 号)、《生产安全事故报告和调查处理条例》(2007 年)(中华人民共和国国务院令第 493 号)等法规中具体规定了内容要求,并且在《生产经营单位生产安全事故应急预案编制导则》(GB T29639—2013)对形式框架做出了具体要求。在建立应急响应标准化体系的过程中,充分进行了法律法规的识别,确保体系合规性。

### 3. 通用性原则

各企业涉及的业务不同,如可能会涵盖油气开采的上、中、下游,不同类型企业对突发事件应急响应的流程和模式不同,在建立应急响应标准化体系的过程中,充分提炼和总结了应急响应的基本任务和本质需求,从方法论的角度进行构建,满足不同类型企业对应急响应工作标准化的需求。

### 4. 适用性原则

美国突发事件指挥系统(Incident Command System, ICS)从机构的设置原则、各组之间的沟通机制、应急响应目标的确立及处置行动的开展等方面有很多特点,主要可概括为两个方面 14 个特点。第一方面为指挥系统结构设计:① 通用的术语;② 模块化组织;③ 目标式管理;④ 整合的通讯;⑤ 一元化指挥;⑥ 统一的指挥框架;⑦ 统一的突发事件行动计划(IAP)。第二方面为指挥管理：① 适当的控制幅度；② 适当的资源管理；③ 责任；④ 派遣、调度；⑤ 指挥链的统一性；⑥ 救灾所需的特定设施；⑦ 信息与情报管理。在应急响应标准化体系建立过程中，对 ICS 本质特点深入分析，结合中国企业管理特点，取其精华，形成适用于中国海油的应急响应标准化体系[1]。

### 5. 持续改进原则

国家应急管理的法律法规、方针政策会不断变化，企业面临的应急响应挑战会不断变化，国内外应急管理的理论方法会不断创新，在建立应急响应标准化体系的过程中，坚持持续改进原则，以更好满足法规要求、企业环境、理论方法等方面的变化，以实现应急响应标准化体系的科学性和先进性。

### （二）应急响应标准化体系设计思路

应急响应标准化体系从两个维度对 CIMS 的形成进行了系统的分析。纵向维度是应急管理中的重点工作，包括应急组织机构、应急决策控制、应急信息管理、应急资源管理、应急指挥模式；横向维度是法律法规要求、企业实际情况、ICS 优势。从这几个方面全面分析，在合规的前提下，充分考虑 ICS 的优势特点，结合海油实践，最终形成中国海油应急管理体系（CIMS）。

## 二 应急目标制定

### （一）以目标为导向的管理

国际石油行业在最佳实践中认为，有效的突发事件管理需要建立明确的指挥和控制的能力。在溢油应急事故的应对中，应急主体可以借助 CIMS 的核心方法论将应急响应由事故刚发生时的初始应急（被动应急）阶段逐步转化为规划应急（主动应急）阶段。在这个过程中，应急主体需要快速掌握事故的状况与影响范围，并根据设立的应急目标明确溢油应急处置的战略战术，从而有效对溢油事件中的人员、环境与资产进行保护。过去的经验表明，使用 CIMS 这样系统化的方法论有助于在应对大型溢油事故中快速建立指挥与控制机制。其核心是通过建立具有明确岗位职责、指挥链、灵活性架构以及能够满足应急需求的应急组织架构将应急中的重要因素——团队、资源、信息等有效的组织起来。CIMS 同时可以通过系统性的应急规划流程将溢油事件中的应急行动与指挥团队所设立的应急目标有效地结合起来。

石油行业遇到的绝大多数突发事件都是中小型事件,因此用于指导指挥决策的流程通常都是简化的。在这个过程中,应急总指挥会快速设立应急目标以指导现场的应急处置,并在短暂的作业周期中不断迭代相应的目标,并以此评估应急进程。这种应急方式通常被称为初始应急或被动应急。然而,石油石化行业的大量经验表明,在涉及成百上千应急人员的大型突发事件发生时,应急管理团队需要一个强大且结构化的应急规划流程来帮助他们形成细致化的事故行动方案,以指导现场的应急。这种应急方式通常被称为规划应急或主动应急。但无论在初始应急还是规划应急中,以目标为导向的管理应急团队都可以确保整个应急处置的有效性、高效性与秩序性。

### (二) 应急优先级

在石油石化行业,应急目标的设立通常围绕应急优先级开展。由于溢油事件会造成相应的人员、环境、财产与声誉层面的损失,因此应急优先级通常会遵循四个核心方面开展。应急总指挥在溢油应急的过程中需要明确几大优先级,并以此将应急目标进行排序,以帮助应急管理团队将应急中优先的应急资源用于实现最为重要的目标上。

国际石油石化行业通常用 PEAR 四个字母代表着四大宏观优先级。其具体解释如表 5.1 所示。

表5.1　PEAR 释义

| 优先级(英文) | 优先级(中文) | 具体含义 |
|---|---|---|
| P-People | 人员 | 人员的安全与健康 |
| E-Environment | 环境 | 自然环境的保护 |
| A-Asset | 财产 | 社会财产的保护 |
| R-Reputation | 声誉 | 声誉的挽回 |

在溢油事件发生时,应急总指挥也可以由宏观优先级拓展出较为具体的应急优先级,这些较为具体的优先级可以在大型溢油事件的应急中为大量应急目标的排序进行更加明确的指导。这些优先级包括:

① 人员的安全与健康;

② 事故的稳定性;

③ 自然环境的保护；

④ 企业业务的连续性；

⑤ 经济财产的保护；

⑥ 与大众以及利益相关者的沟通；

⑦ 社区经济活动的恢复；

⑧ 社会活动的恢复；

⑨ 事故信息的管理与控制；

⑩ 交通运输基础设施的保护；

⑪ 事故调查；

⑫ 灾后恢复与重建。

### （三）应急目标的设立

为引导应急管理团队进行应急处置策略的选择，应急总指挥应该在应急中首先明确应急目标。应急目标是基于当前的事故状况以及资源使用效率而提出的对于应急处置效果的一种期望。这个期望将会决定应急战略的选择和战术的制定。

应急目标通常需要符合 SMART 原则。SMART 原则代表的具体含义如下：

S- Specific：具体的；

M- Measurable：可测量的；

A-Achievable：可实现的；

R-Realistic/Relevant：现实相关的；

T-Time-bounded：具有时效的。

在突发事件的应对中，应急目标除了满足 SMART 原则以外，还需要具备灵活的特点，这是因为溢油事件的状况会随着时间而不断地发生变化，因此应急总指挥必须为应急目标设立调整或更改的机制，从而确保应急处置能够符合当前的状况与背景。由于在很多溢油事件中，应急资源是稀缺而有限的，因此应急总指挥需要将目标根据优先级进行排序，以确保应急管理团队在制定战术方案时能够将有限的资源用于实现更为重要的应急目标。

溢油实践中常见的应急目标示例如下：

① 应急中确保公众与应急人员的安全与健康；

② 快速控制油品的泄漏源头；

③ 有效管理与协调现场的应急作业；

④ 对溢油可能影响到的敏感环境区域进行保护；

⑤ 围控与回收泄漏的油品；

⑥ 清理和处置现场已经泄漏的油品；

⑦ 最大程度减少事件带来的经济损失；

⑧ 确保利益相关者了解溢油时间的应急工作与进程；

⑨ 确保大众、媒体对溢油事件与应急工作有正确的认知；

⑩ 确保企业的业务连续性。

## 三 战略战术制定

在应急总指挥根据溢油事件的状况设立了溢油的应急目标之后，应急管理团队中的专业人员需要围绕实现应急目标而制定相应的战略与战术。应急战略是为实现应急目标而选择的宏观方法，而应急战术则是为有效实施宏观方法而制定的具体方案，这个方案包括具体的应急任务、完成任务的团队组成、各个团队的组织架构以及战术资源的分配等。

### （一）应急目标与战略的对应性

应急管理团队在围绕实现应急总指挥设立的目标而选择应急战略时，需要确保每一个战略选择与应急目标的对应性。应急目标与应急战略的对应示例如下。

① 应急中确保公众与应急人员的安全与健康：

• 确定泄漏物品的危害；

• 建立现场的安全区域划分与控制；

• 按需要进行人员疏散；

• 建立船舶与飞机隔离限制区；

• 对受污染的区域进行空气检测；

• 为现场应急人员制定安全计划；

• 确保应急人员接受安全简报。

② 快速控制油品的泄漏源头：

- 成紧急关停；

- 实施消防灭火；

- 启用现场临时修复；

- 油品与其他货品的转移；

- 开展救援支持作业。

③ 有效管理与协调现场的应急作业：

- 完成并确定内部与外部通告并按要求提供信息更新；

- 建立联合指挥组织与设施（如指挥所）；

- 确保地方政府支持应急作业；

- 制定应急响应的事故行动方案；

- 对应急人员与设备进行位置与状态的追踪；

- 完成所有档案归档；

- 根据实际应急状况评估应急目标。

④ 对溢油可能影响到的敏感环境区域进行保护：

- 实施应急预案中预先设定的战略；

- 确认并识别受到影响或可能会受到影响的敏感资源；

- 追踪污染物的行踪并对其进行漂移轨迹模拟；

- 开展现场侦查（如空中侦查或卫星侦查）；

- 制定并实施敏感资源保护具体方案。

⑤ 围控与回收泄漏的油品：

- 在泄漏源头布放围油栏围进行围控；

- 在适合回收的区域布放围油栏进行围控；

- 使用作业船布放收油器进行回收作业；

- 衡量与评估受时间限制的应急方法（如消油剂与现场焚烧）；

- 制定废物处理方案。

⑥ 清理和处置现场已经泄漏的油品：

- 合理实施海岸线清理工作；

- 清理受污染的建筑（码头、泊位等）与船舶。

⑦ 最大程度减少事件带来的经济损失：

· 评估事故对旅游、航运、工业等当地经济的影响；

· 在资源允许的范围内尽可能保护公共与私人财产；

· 建立损害赔偿流程。

⑧ 确保利益相关者了解溢油时间的应急工作与进程：

· 提供讨论会以了解利益相关者的关心事项与观点；

· 为利益相关者提供有关应急行动与问题的信息；

· 为政府官员提供应急作业的详细信息。

⑨ 确保大众、媒体对溢油事件与应急工作有正确的认知：

· 建立联合信息中心（JIC）；

· 开展周期性的新闻发布；

· 管理新闻媒体获得事故应急信息的渠道；

· 按需开展公开会议。

⑩ 确保企业的业务连续性：

· 确认潜在的业务中断问题；

· 通知合资企业的其他成员公司；

· 配合进行内部与外部调查。

## （二）溢油应急的总体处置策略

根据国际石油工业环境保护协会 IPIECA 在联合行业项目 JIP 中的最新成果展示，溢油应急的处置策略如表 5.2 所示。

表 5.2　溢油应急的处置策略

| 类别 | 编号 | 处置策略 | 处置策略的解释 |
|---|---|---|---|
| 首要必要措施 | 1 | 溢油源的控制 | 对溢油源头进行控制与封堵，防止溢油的进一步泄漏。此源头可包括但不局限于油罐、管线、船舶、井喷等。 |
| | 2 | 侦查、模拟、可视化 | 侦查：使用船舶、飞机、无人机、ROV 等对溢油现场进行侦查和信息收集。模拟：使用溢油漂移模拟软件进行油膜的漂移和风化过程的模拟，以预先判断溢油的漂移位置以及性质变化。可视化：使用地理信息系统将溢油应急相关信息进行整合和叠加，为应急指挥中心提供信息可视化服务。 |

续表

| 类别 | 编号 | 处置策略 | 处置策略的解释 |
|------|------|---------|---------------|
| 海上溢油处置 | 3 | 海面消油剂的喷洒 | 针对海面的油膜，使用飞机或船舶进行消油剂的喷洒，使溢油可以消散于水体，促进溢油的稀释与生物降解。 |
| | 4 | 海底消油剂的喷洒 | 使用ROV向海底井喷的井口进行直接喷洒，使得溢油消散在水体中，减少溢油上浮到海面的数量，并有效减少海面溢油挥发物，方便作业船在井口上方进行封井作业。 |
| | 5 | 现场焚烧 | 使用防火式围油栏进行油品的围控并用燃烧的方式消除溢油。本方式同样可以在岸线、内陆以及冰面采用，但需要相关政府审批。 |
| | 6 | 海面围控与回收 | 使用围油栏围控溢油，并使用收油器等方式进行溢油的回收。 |
| 岸线与内陆溢油处置 | 7 | 敏感资源的保护 | 针对溢油会影响到的敏感地区（自然资源或经济资源）进行预先保护，使用围油栏进行围护，以使敏感地区不受溢油污染。 |
| | 8 | 岸线与内陆侦查评估 | 使用岸线侦查技术（SCAT）对受到污染的岸线进行系统化的侦查与评估，以保证对岸线的受污染信息进行客观的分析。 |
| | 9 | 海岸线的清理 | 针对不同类型的海岸线使用不同的处置策略进行清理。不同于海上的应急，岸线的清理更类似于长期的项目管理，并需要动用大量的人力资源。 |
| | 10 | 内陆溢油应急 | 内陆溢油应急应有特殊的策略，对于可渗透表面、不可渗透表面、河流和湖泊都要具有针对性的处置策略。 |
| | 11 | 受污染野生动物救助 | 溢油事故一旦扩散，会对大量野生动物造成严重的影响。对于受污染的野生动物（诸如海鸟、海龟、海洋哺乳动物等），需要专业的机构和相关专家协助救治。 |
| 溢油综合管理 | 12 | 溢油垃圾的处理 | 溢油垃圾的转运、储存与最终处理往往是溢油清理的瓶颈。 |
| | 13 | 与利益单位沟通交流 | 溢油事故涉及各方利益相关者。处置策略的选择需要与利益相关单位进行及时的沟通，以明确各个利益相关单位的关注点。 |
| | 14 | 经济损失评估与赔偿 | 溢油事故会对人文经济造成相应的影响。对于经济损失的评估是应急管理中需要考虑的重要因素之一，也是后期进行经济赔偿的重要依据。 |
| | 15 | 自然环境影响评估 | 溢油事故会对自然环境造成短期或长期的破坏与影响。自然环境影响的评估对于后期的环境恢复有着重要意义。 |

### （三）处置策略的选择与规划原则

溢油事件可以选择以上提到的不同处置策略，在实际应急中，处置策略的选择与规划需要考虑以下原则。

处置策略应该与应急目标保持对应：处置策略的选择应该与应急总指挥设立的应急目标与优先级保持对应性。

以确保人员安全与健康作为首要优先级：由于在应急优先级中，人员安全通常在第一位，因此在处置策略的选择阶段就需要考虑保护应急人员与大众，严防次生灾害的发生，尤其注意溢油的挥发性气体可能造成的火灾、爆炸、中毒等潜在危险。

尽量靠近溢油源头应急：由于溢油的扩散范围越大，越容易造成更多的损失与影响，因此应该靠近溢油源进行应急以最大程度减少这些损失与影响。如果溢油发生在海上，则优先考虑控制溢油源头，减少溢油的持续泄漏；其次考虑将溢油控制在海上，并通过使用围控回收、消油剂的喷洒甚至现场焚烧的方式阻止溢油从海上漂移到岸线附近；再次考虑岸线附近的应对，如果溢油有触岸危险，则需要溢油漂移轨迹模拟软件预测溢油漂移动向，提前动员资源进行海岸线敏感资源的保护，对于已经污染的海岸线也要进行系统化的侦查、监测与清理。

必要时需要借助不同处置策略进行混合作业：根据以往大型溢油的处置经验，这些大型溢油需要选择多种溢油应急处置策略，并对不同区域采用不同的处置策略，需要对现场应急进行有效的规划。

对溢油的状况进行持续性的监测与评估：溢油事故是动态发展的过程，应急管理也是一个动态决策的过程，因此应急过程中应该对溢油事故进行持续的监测与评估，以确保溢油应急略侧可以根据实际状况进行调整。

在应急前期考虑"适当的过度应急"原则：溢油应急前期的事态发展较快，应急资源可能存在短缺问题，应急管理团队应该对于资源需求有所评估，并在应急前期采用"适当的过度应急"原则进行资源的动员，其本质是提前协调比实际应急需求多一些的应急资源以确保对溢油事件的有效控制。

在应急策略的选择时应该综合考虑主观条件与客观条件，以确保所选择的处置策略是针对具体状况的"最佳策略"。这些主观与客观条件包括应急资源的可获得性、泄漏原油的特性、泄漏的区域位置以及天气海况等因素。

### （四）典型溢油类型/场景的处置策略

#### 1. 高黏稠油溢油

高黏稠油的特点为粘度较大，通常为密度较大的重油，或经过燃烧等反应后，原油的黏度不断上升，多数已丧失流动性。其受到挥发、扩散、溶解、氧化等风化作用的影响较小，如果不及时进行有效的处理，将长时间存在于海面上。

（1）溢油监测方面

高黏原油通常颜色较深，呈黑色或深棕色，可以采用船舶、卫星、飞机、遥感等手段对高黏原油进行监测。由于高黏稠油经常会与海上的杂物（如垃圾、水中杂质）进行融合，其体积可能会随着时间漂移有一定的增大，经常会结成较大的油块在海面上漂移，其漂移距离相对其他油品较远，可以使用漂移预测软件对高黏稠油进行预测。此外，在现场发生爆炸、燃烧等反应时，经常会伴有高黏稠油的产生，此时高黏稠油的温度与周边环境相比可能较高，可以使用红外装置（如用无人机搭载红外摄像机）对高黏稠油进行有效的监测。

（2）溢油围控方面

高黏稠油可以采用常规的围控方法进行围控，如使用围油栏，但是吸油拖栏对其的吸收效果有限，尤其是对于高度乳化和已经结成油块的高黏稠油。针对高黏稠的特点，可以采用收油网对成片的高黏稠油进行回收，通常能够取得良好的效果。

（3）溢油回收方面

高黏稠油通常难以采用传统的亲油式收油机进行有效回收，更易采用大型的机械回收装备进行回收。在实践中，面对大范围的高黏稠油，使用挖掘机进行回收是极为有效的手段，可以采用挖掘机焊接在船体的方法实现装备的应用，也有带挖斗的小型溢油回收船舶，在此种情况下能发挥较大作用。针对单点的高黏稠油块，可以采用捞油工具进行回收，针对较大的油块，可以采用破碎工具对大型油块进行破碎切割，以方便使用回收工具，在此过程中可能需要大量的人员和捞油工具，在现场要注意人员和工具的补充。

（4）安全控制方面

高黏稠油与轻质原油相比，挥发性较低，具有比较低的燃烧爆炸风险，对环境监测方面的要求相对较低。在作业过程中，尽量避免作业人员与高黏稠油有直接的皮肤接触，需要作业人员带好防护用具，以免被高黏稠油所腐蚀。在使用捞油工具进行作业时，需要注意人员的体力消耗，做好合理的岗位轮换将有助于提高作业的安全性。

### 2. 凝析油溢油

凝析油，主要成分是 C5 至 C11+ 烃类的混合物，并含有少量的大于 C8 的烃类以及二氧化硫、噻吩类、硫醇类、硫醚类和多硫化物等杂质，其馏分多在 20 ℃～200 ℃之间，挥发性好。凝析油溢出后会迅速失去大量的轻组分，在低温下会形成黏稠、稳定的残留物。实验分析表明，大多凝析油在溢出后的很短时间内会挥发 30%～50%，偶尔会达到 60%。

由凝析油造成的海面油污呈现出一些与原油不同的风化行为，对凝析油的处置策略要充分考虑挥发量、乳化程度、黏度变化等物理化学性质的变化规律。

（1）溢油监测方面

凝析油容易挥发，且容易随着风、海流发生漂移，发生凝析油溢油事故，需要紧急协调船舶、卫星、飞机、遥感等手段实施密切的监视监测，并结合溢油漂移预测的结果，对溢油影响范围及发展方向进行研判。

发生溢油事故后应第一时间组织直升机、无人机等对事故现场和油污漂移进行大范围巡视，并协调多颗卫星对事故周边海域海面溢油情况进行跟踪监测。同时，组织相关单位开展现场海洋环境观测预报，及时向有关部门提供海洋预报和漂移预测信息，以有力支持搜救、清污、风险防范等工作；启用无人艇、无人机、现场快速监测设备等开展油膜采样、溢油分布状况等针对性的监测工作；组织监测人员对近岸海域开展应急监测。

在海洋渔业资源保护方面，农业渔业部门应组织相关技术单位开展相关海域现场调查监测和评价。加强事发海域渔船管控，划定为渔船临时管控区，实行动态监控。同时，及时通知附近省市渔业部门，加强事发海域渔船管控。

（2）溢油围控方面

如果漂移预测结果分析显示，凝析油 12 小时以内通过挥发和消散残存量小于 1%，到达敏感区以前凝析油就可以消散，并未影响到敏感资源保护区域，可不必进行海上人工作业，仅将用于防护的岸滩、固体浮子围油栏或吸油拖栏装船在溢油登陆附近入港锚泊，随时对油污可能达到的敏感区域进行拦截。

（3）溢油消除方面

对于油膜很薄的凝析油,应最大限度利用自然风力的作用或机械离散方法加速其挥发,使用船用消防水炮喷洒海水冲击也是破碎离散的好办法。

使用收油机等机械回收设备,对新鲜凝析油的回收效果较为有限,对轻组分挥发后的凝析油具备一定效果,由于凝析油的黏度也会随环境温度上升而下降,因此低温水域的回收效果优于常温或高温天气。

另外,吸油毛毡、吸油拖栏物理吸附较适合凝析油薄膜的处置。

（4）安全控制和环境监测方面

凝析油溢油后,挥发到空气里,可以形成挥发性有机物;如果发生燃烧,还可能产生二氧化硫,应加强空气质量监测和预报模型分析。

事故发生后,组织中国环境监测总站、卫星环境应用中心以及周边省市环境监测单位和部门持续开展沿岸敏感点环境空气、卫星遥感等应急监测工作。通过卫星遥感监测溢油区面积,结合气象、洋流等信息,利用数据模型,模拟下一步污染迁移、扩散方向,为工作提供决策依据。此外,根据《西北太平洋行动计划区域溢油与有毒有害物质泄漏事故应急计划》合作机制,应及时将相关信息通报周边国家。

无论是天然气管道泄漏还是运输船舶事故导致的凝析油溢油事故,在处置过程中要永远把安全放在第一位。环境类事故容易受到民间、媒体的强烈关注,但应急作业仍应坚持科学分析,不盲目、不冲动,头脑冷静、沉着应对。在绝对保证应急人员安全的条件下充分发挥自然力的作用和现有资源,清除凝析油溢油事故产生的环境污染。

### 3.一次性大量溢油

一次性大量溢油一般是指船舶碰撞、海上设施火灾爆炸、储罐破损等原因造成的泄漏时间较短、溢油量大且相对集中的溢油事故。

一次性大量溢油处置的关键在于现场第一时间的应急响应。大量溢油会在短时间内发生强烈的挥发和扩散等,比较可行的方法是利用现场平台、守护船舶、周边距离较近平台的资源进行现场处置,以此控制溢油扩散的面积,减少溢油对周边的影响。同时尽快通知周边作业区、溢油应急基地,协调周边资源调集至现场进行应急支持。

（1）溢油监测方面

现场的第一时间监测主要由周边平台的监控和现场的守护船舶完成,如果守护船舶配有溢油监测雷达能够起到更好的监测效果。此外,现场的平台或者船舶配备有无人机、无人艇等工具,可以用来完成早期的溢油监测。通过监测现场的天气、海况等情况,利用经验法可以对溢油漂移的方向进行初步判断,以指导现场的溢油应急策略选择。现场人员应该尽快与专业技术人员联系,汇报事故地点的气象、泄漏油品的有关信息,使得专业技术人员能够利用现场信息采用专业的漂移预测软件进行监测。

（2）溢油围控方面

由于现场的应急资源有限,结合监测信息,综合考虑溢油的漂移方向、周边敏感区等信息,需要利用有限的围油栏资源对敏感区、保护区等资源做优先级更高的防护。同时,在围油栏数量不足的情况下,可以利用将多个吸油拖栏进行连接的方式,形成围油带进行简易的溢油围控和吸收。此时,如果周边的守护船舶是具有单体围控功能的环保船,将能够起到巨大的帮助作用,可以利用其强大的机动性,对现场溢油应急进行快速围控,控制其扩散面积。

（3）溢油回收处置方面

现场的大量溢油更适于采用亲油式的收油机进行回收,大型的收油机在此时能够展现出单体回收量大的优势。在环境和法律法规允许的情况下,现场可以采用喷洒溢油分散剂的方式对溢油进行快速处置。如果现场周边配备有防火围油栏,可以采用原位燃烧的方式对现场的溢油进行可控燃烧,大量减少现场的溢油量。

（4）安全控制和环境监测方面

一次性的大量溢油通常伴有较强溢油挥发和溢油扩散等风化现象,因此做好现场的环境监测是十分必要的,主要监测现场环境中的可燃气体和硫化氢气体,一是防止现场发生闪爆、火灾等事故,二是保障现场作业人员的作业安全。由于溢油扩散速度较快,要加强对溢油扩散范围的监测,尤其是周边存在敏感地区的情况下,要利用船舶监测、直升机监测、溢油漂移预测等手段对溢油可能影响的敏感区做好防范工作。

#### 4. 固定点源持续溢油

固定点源持续溢油一般是指海上平台井喷失控、地质性溢油等原因造成的泄漏源位置固定且短时间内难以封堵的溢油事故。

固定点源持续性溢油处置的重点包括以下几个方面。

（1）溢油源控制方面

对于海上平台井喷失控可以通过压井、救援井等方式控制，对地质性溢油可以利用下放集油罩的方式封堵或导流。

（2）溢油源围控方面

对于井喷失控引发的溢油应在油田设施周边长时间布防围油栏，为防止油污持续逸散，围油栏建议多层布放。井喷失控往往伴随火灾爆炸事件发生，内圈围油栏建议选用防火围油栏；由于海上设施底部工况，增大了围油栏破损风险，为保障长时间围控的效果，外圈围油栏建议选用固体浮子式围油栏；在恶劣海况条件下，应考虑选用重型围油栏增加栏体高度，降低溢油逃逸概率。

（3）溢油监测方面

应重点监测围油栏形态和破损情况，当出现栏体破损、扭转导致溢油逃逸时，应及时调整围油栏形态或及时进行更换。另外，注意监测栏体内溢油量的变化，当储存油量过多时，及时利用收油装置回收处理。

（4）安全防护方面

由于井喷往往伴随可燃及有毒有害气体逸出，且长时间围控可能导致原油挥发气体聚集，溢油处置作业人员有较大的安全和健康风险。处置过程中应注意可燃及有毒有害气体的监测和人员防护，根据风向选取作业方位，并合理安排作业人员轮换。必要情况下，应选用防爆设备，或利用水雾驱散、稀释气体浓度。

#### 5. 移动点源持续溢油

移动点源持续溢油一般是指船舶或 FPSO 碰撞后失控漂移导致的持续性溢油事故。

移动点源持续溢油处置的重点包括以下几个方面。

（1）溢油监测方面

应时刻监测移动溢油源漂移方位，当存在影响环境敏感区、岸滩等区域风险时，应提前对可能影响的区域进行保护。

（2）溢油围控方面

移动点源持续溢油增加了围控的难度和作业风险，一般只能采取外围围控的方式，围控过程中应特别注意围控船舶与事故船舶的安全距离，防止次生事故发生。

（3）溢油回收方面

溢油源持续移动叠加溢油扩散，会导致油污扫海面积大且分散，增加了围控回收的难度，可考虑集监测雷达、围控、回收功能于一体的专业溢油处置船舶，进行机动回收作业。对于薄油膜或轻质油品，可考虑船舶拖带吸附材料进行回收。

## 四 应急资源管理

### （一）溢油应急响应中的应急队伍管理

在溢油应急处置过程中可能会涉及溢油处置、消防救援、井控救援、工程作业等队伍类型，本书以专职溢油应急队伍为例，重点介绍现场应急人员分组与指挥管理，其他应急队伍可以参考借鉴。本书中列举的队伍分组是根据海上事故处置实践进行的总结，目的是给应急指挥人员提供可借鉴的案例，实际应急处置中可以根据现场情况和人员数量有选择的增加或者缩减岗位，以保证人员分工切合实际（图 5.1）。

#### 1. 队伍分组

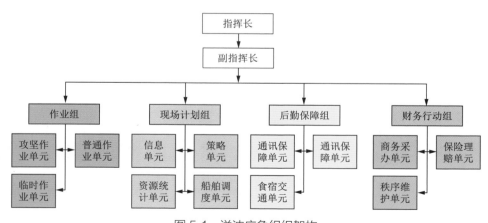

图 5.1　溢油应急组织架构

现场应急组织架构一般包括指挥人员、作业组、现场计划组、后勤保障组，行政财务组根据现场情况和实际需要设立（表5.3）。

表5.3 应急组织机构职责

| 应急岗位 | 主要职责 |
| --- | --- |
| 指挥人员 | 负责建立现场应急处置组织架构，任命合适人员，制定事故处置方案与策略并监督执行，负责外部资源的协调与调动。 |
| 作业组 | 负责组织开展现场溢油的监测、围油栏布放、溢油回收、废物打捞、消油剂喷洒等作业。 |
| 现场计划组 | 负责收集、研判事故信息和现场作业动态，掌握最新救援进展，记录事故处置过程中的工作日志，通过漂移预测、卫片解析等制定处置策略，统计资源动态，收集资源需求。 |
| 后勤保障组 | 负责应急过程中的通信保障、财务保障、食物交通等工勤保障，协调调运应急资源。 |
| 行政财务组 | 负责应急过程中的商务采办、成本核算、保险理赔、人员安抚工作。 |

（1）指挥人员

现场指挥人员的主要工作包括建立并维持一个合理的组织编制、指派各个部门的主要工作任务、担负起各个未被指派分配的任务、与外界建立良好的关系、维护工作人员的身体与心理健康、建立各项资源运用的优先级、与各个单位互动及接收并传达重要信息、确定各个单位之间能够有效地沟通、辅导事故处置方案的拟定及完成、决定处置行动的终止、协助灾后的重建与调查（表5.4）。

表5.4 应急指挥人员组成及职责

| 应急岗位 | 主要职责 | 备注 |
| --- | --- | --- |
| 指挥长（1人） | 组织统筹溢油应急处置各项工作，重要事项向上级机构或部门及时报告；<br>主持召开现场工作会议；<br>协调周边溢油应急资源。 | 指挥长不在位情况下，根据实际工作需要，可由副指挥长接任或兼任指挥长职务，确保工作的有效衔接和推进。 |
| 副指挥长（1人） | 协助指挥长处理应急指挥工作；<br>根据授权代行指挥长职责。 | |

（2）作业组

作业组负责溢油处置过程中战术策略的具体执行，组长的主要责任是执行并协调所有的应急管理行动、协助现场指挥官制定应对的目标、执行应对突发事件的行动计划、通过现场指挥官要求各项应急资源、确保现场指挥官对事件应对的进展和应急资源的使用状况的了解等（表5.5）。作业组可以采取多种不同方式扩编，这主要取决于突发事件的种类、参与的单位、突发事件处理的目标与策略等。在突发事件初期，作业组仅有少数的成员参与事件的处理，当突发事件发展得越来越复杂且需要更多的资源投入时，就需要把作业组扩编，可以根据地理或功能设立分组。溢油处置中的作业组可包括攻坚作业单元、普通作业单元、临时作业单元。

表5.5　作业组人员组成及职责

| 单元 | 应急岗位 | 主要职责 | 建议人数 |
|---|---|---|---|
| 攻坚作业单元（4～6人） | 围控回收岗 | 负责围油栏布放；<br>负责使用收油机进行溢油回收。 | |
| 普通作业单元（2～3人） | 消油剂喷洒岗 | 负责消油剂喷洒 | |
| | 空中监测岗 | 负责通过飞机或操作无人机，对溢油源、围控逃逸情况、溢油漂移情况进行监测；<br>将监测的情况及时报告作业组长或附近船舶。 | 2 |
| 临时作业单元 | 根据需要制定 | 负责临时分配的作业任务执行。 | |

（3）现场计划组

现场计划组的任务主要是搜集、分析和处理突发事件的相关信息，拟定每一周期的处置策略和行动计划，拟定突发事件结束后的解散计划，监控各项人力、物力资源的状况，对突发事件的应急管理做记录等（表5.6）。现场计划组可包括信息单元、策略单元、资源统计单元。

表5.6　现场计划组人员组成及职责

| 单元 | 应急岗位 | 主要职责 | 建议人数 |
|---|---|---|---|
| 信息单元（3～4人） | 信息统计岗 | 负责收集事故现场的信息及应急救援开展情况。 | 1～2 |
| | 环境监测岗 | 负责了解和收集事故现场的环境敏感信息及分析可能造成的影响；<br>负责获取作业区气象、海况预报并告知各作业队伍。 | 1 |

续表

| 单元 | 应急岗位 | 主要职责 | 建议人数 |
|---|---|---|---|
| | 过程记录岗 | 负责文档收集和管理、报告、信息存档、事件过程记录。 | 1 |
| 策略单元（4人） | 漂移预测与卫片解析岗 | 负责根据现场提供的溢油事故信息使用漂移预测软件对溢油逸散方向和时间进行预测分析，形成报告文件；<br>负责对获取的卫星照片进行处理，分析溢油漂移趋势；<br>提出相关溢油围控回收建议。 | 2 |
| | 策略制定岗 | 根据现场作业情况和漂移预测结果，制定围控回收方案；<br>根据现场情况合理规划船舶编队，资源分布；<br>跟踪现场处置效果，实时调整优化处置方案。 | 2 |
| | 专家组 | 分析预判事故发展趋势，协助制定处置措施，为事故处置提供合理化建议。 | 根据实际情况确定人数 |
| 资源统计单元（1～2人） | 资源统计岗 | 负责收集、统计突发事件应急资源调配情况，掌握资源实时位置与状态；<br>掌握消油剂、毛毡等易耗品实时用量，根据现场需求及时向采购部门提出补充建议。 | 1～2人 |
| 船舶调度单元（1～2人） | 船舶调度岗 | 根据拟定的策略，指挥调度船舶作业到指定位置开展作业；<br>根据调配方案，指挥调度船舶运送应急物资和人员；<br>根据船舶需求，指挥船舶进行后勤补给。 | 1～2人 |

（4）后勤保障组

后勤保障组负责提供突发事件时所需要的各种支持，包括物资、设备、食物和通信等。后勤保障组可包括资源管理单元、通信保障单元、食宿交通单元（表5.7）。

表5.7　后勤保障组人员组成及职责

| 单元 | 应急岗位 | 主要职责 | 建议人数 |
|---|---|---|---|
| 资源管理单元（2～4人） | 资源协调岗（海上） | 负责由港口码头运送到海上的物资、装备的接收、清点。 | 根据海上物资集结点数量确定，每个集结点配1～2人 |

续表

| 单元 | 应急岗位 | 主要职责 | 建议人数 |
|------|---------|---------|---------|
| | 资源协调岗（码头/集结区） | 负责码头物资、装备的接收、清点统计；负责与海上资源协调岗沟通，负责物资装船运输。 | 根据陆上物资集结点数量确定，每个集结点配1~2人 |
| 通信保障单元（2人） | 通信保障岗 | 负责海上作业单元之间的通讯保障；负责海上与陆地指挥中心之间的通信、视频保障。 | 2 |
| 食宿交通单元（1人） | 食宿交通岗 | 负责海上应急人员的食宿保障；负责海上应急人员倒班的交通保障。 | 1 |

（5）行政财务组

行政财务组的主要任务是管理突发事件的财务和行政工作，包括采购、理赔和成本核算等，并将所有与突发事件有关的支出进行保存（表5.8）。行政财务组可包括商务采办单元、保险理赔单元、秩序维护单元。

表5.8　行政财务组人员组成及职责

| 单元 | 应急岗位 | 主要职责 | 建议人数 |
|------|---------|---------|---------|
| 商务采办单元（2人） | 商务采办岗 | 负责根据现场提出的需求进行物资装备应急采买。 | 2 |
| 保险理赔单元（根据需要） | 保险理赔岗 | 负责溢油污染渔业的保险理赔工作。 | 1 |
| 秩序维护单元（根据需要） | 秩序维护岗 | 负责处置现场渔船和渔民的秩序维护；如有伤员，负责家属及相关人员的安抚。 | 1 |

### 2. 统一的指挥链

溢油应急处置由于往往涉及井控、消防多个队伍同时作业，分组和人员数量众多，可控的管理幅度是整个应急团队保持行动持续高效的关键。根据以往的作业实践，每一个组长、领队直接管理人员不超过6人，可以保证上级对下级的有效监督以及自己所管理的资源。普通应急人员、单元领队、组长、副指挥长、指挥长分别层层向上汇报，所有人有且只有一个直接汇报的上级领导，避免了多头汇报所产生的混乱，形成统一的指挥链。

## （二）溢油应急响应中的船舶管理

### 1. 船舶分组

海上一旦发生大型溢油事故,通常需要大量的船舶资源开展围控、回收和喷洒消油剂等处置作业(除专业环保船和拖轮外,国内溢油应急中还大量采用乳化船、小渔船等中小型民营船舶),如何实现应急船舶的科学、高效的管理是面临的突出问题。建立一套与应急队伍作业单元相对应的模块化应急船舶管理模型,在应急处置中具有较强的实际意义,如图 5.2 所示,这套应急船舶管理模型主要包括决策指挥船、围控船队、回收船队、喷洒打捞船队、后勤补给船队等。

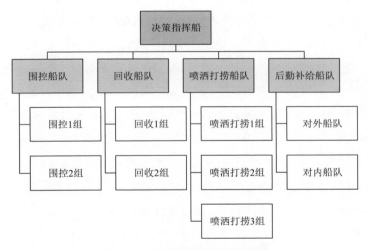

图 5.2　应急船舶管理结构模型

决策指挥船:指挥者靠前指挥的前沿阵地。统一分配和调度各种应急船舶和资源,对海上各作业组进行现场巡视检查,每日定时收集和评估有关应急事件的信息,根据现场实际做出科学决策,指挥各船舶下一步的应急行动等。

围控船队:每一个溢油围控单元往往需要 2 艘船舶,主船需要有足够甲板面积的船舶进行围油栏的布放回收操作,辅船主要是拖带围油栏使用,一般的拖轮或渔船即可。由于围控作业往往采取多重围控策略,围控单元的数量一般在 2 组以上。

回收船队:溢油围控的目的是通过机械方式把油从水面收集上来。第一种是在溢油点附近,如井喷、船舶漏油等,对固定围控的溢油进行持续回收,往往需要 2 个以上回收单元,以便储油舱收满之后进行交替作业;第二种是配合外围动态围控船队,对扩散溢油进行及时有效的回收。同时,为了保障高效的溢油回收效率,应统筹做好设备回收速率、临时储存能力、转运能力和储存处理能力之间的平衡匹配问题,实现各环节的协同配合与无缝衔接。

喷洒打捞船队:根据应急处置经验,一般一组喷洒打捞船队由 1 艘大型船舶和 2～4 艘小型船舶(如渔船)组成。一是喷洒消油剂时需要大型船舶的存储容积储备消油剂并进行喷洒作业,同时对小型船舶进行补给;二是在海况允许的情况下,鉴于小型船舶的灵活性和打捞作业的便捷性,往往需要人员在小型船舶上对飘散的零星油块进行人工打捞。

后勤补给船队:一旦海上设施发生大型持续性溢油事故,往往伴随着火灾、爆炸和有毒有害气体的产生,溢油处置往往是一项复杂而艰巨的任务。由于涉及长时间的应急作业,后勤补给船队主要分为两种,一种是对外后勤补给船队,需要在海上设施和陆地码头应急点之间进行设备物资补充、废弃物的转运和人员轮换等作业;另一种是对内后勤补给船队,根据需要对现场各应急船舶进行人员、设备物资、食品等方面的补给,提高作业的持续性和协同性。

一旦船舶发生溢油事故,往往通过应急卸载、应急堵漏和应急拖带等措施来控制污染源,防止溢油的泄漏,减轻溢油污染。而在应急拖带的措施中,需要选择一定功率的船舶将事故船舶拖到指定区域,而拖带船舶标准功率的选择可参考中华人民共和国交通运输部发布的《船舶溢油应急能力评估导则》,评估方法如下:

拖带船舶总功率的计算公式:

$$BHP = k \times Q$$

式中,$BHP$ 为所需的总功率,单位为千瓦(kW);$k$ 为系数,根据船舶最大载重吨($DWT$)取值,当 $DWT \leqslant 20\,000$ 吨时,取 0.075;$20\,000$ 吨 $< DWT \leqslant 50\,000$ 吨时,取 0.060;$DWT > 50\,000$ 吨时,取 0.050;$Q$ 为船舶最大载重吨,单位为吨(t)。

### 2. 船舶协调指挥

为统一调度指挥,合理安排使用应急船舶,保证迅速、安全、有效地进行海上溢油应急处置。在信息的上传下达方面,应急作业中根据应急船舶管理结构模型,建立可控的管理幅度和统一的指挥链。搭建应急资源管理一体化平台,融合打通各方应急资源数据,基于一体化平台的大数据分析进行应急船舶资源动态配置(图5.3)。可以利用统一的 AIS 信息平台,对船舶的分布和轨迹进行监视分析,对应急船舶的数量、类型、性能参数、状态等进行全面的掌握,以便为应急决策提供科学的依据。同时,整合利用北斗卫星、交通 VAST(甚小天线地球站)系统卫星、VDES(甚高频数据交换系统)系统等资源,加强深远海的溢油应急覆盖服务能力,升级建设地面应急指挥中心的系统网络、数据服务平台、北斗为基础的通信导航一体化平台,全面提升中远程海上溢油应急保障能力。

海上应急船舶的调度指挥应遵循如下原则。

人命救助优先原则:应急船舶在执行任务时,如涉及紧急状态下的人命救助,应先行救人。

应急处置先行原则:各应急船舶在航行的过程中,遇到海面油污或其他环境事件时,可优先采取行动,并将相关情况报上级指挥。

安全有效原则:应急船舶在实施油污打捞、围控回收操作、消油剂喷洒作业、油污存储等方面工作时,应尽最大努力保护人命安全,减少环境污染,减少财产损失,取得最佳应急效果。

依法应急原则:各种专业或非专业应急船舶在溢油应急处置过程中,应依照国家有关法律法规及有关国际公约实施,做好申请审批备案、规范船舶驾驶以及保护海洋环境工作。

统一协调指挥原则:各方应急船舶联合执行海上溢油应急处置任务时,进行统一协调指挥,提高应急处置效率。参与应急的船舶要服从指挥,密切配合。

图5.3 溢油应急中应急船舶的排布情况

### 3. 船舶动态管理

在船舶使用方面，为了避免应急时的过度响应，根据不同的响应阶段可对各船队的数量、作业类型进行灵活的动态调整。例如，在响应后期，溢油源被切断，事故溢油点的溢油清理完成之后，相应的减少应急船舶使用数量，这时可重点保留和关注喷洒打捞船队的作业，对外围零星的油块和薄油膜进行处置，并且可以适时地改变其他船舶的工作，使其加入喷洒打捞船队中。

对于船舶上的人员、设备物资等方面进行动态灵活调整。针对溢油围控回收的攻坚阶段，指挥人员可以抽调精干力量并亲自到应急作业船舶上，避免中间环节过多，应及时了解应急现场各方面的状况，依据实际情况快速准确地做出应急响应决策，领导的靠前指挥也会对应急队员带来极大的鼓舞。及时跟进应急现场变化，监控应急设备物资的储备和使用情况，对于缺乏设备、物资的船舶，优先与近距离的船舶进行灵活的调配，特别是应急设备备品备件、船舶油水和船上人员日常生活物资等及时调换补充，并及时上报。

### （三）溢油应急响应中的装备物资管理

#### 1. 溢油应急资源管理体系建立

溢油应急资源的管理在整个溢油应急响应流程中起到了至关重要的作用，建立合理、高效的溢油应急资源体系是提高溢油应急响应能力的基础。完善溢油应急资源管理体系主要考虑两个阶段：一是溢油应急事故发生时，溢油应急资源的动员过程，主要涉及资源调配和出入库的管理；二是日常的溢油应急设备、物资的信息统计和更新以及应急装备的维护保养管理。二者管理的侧重点不同，但相辅相成，溢油应急资源的高效动员调配需要建立在完善合理的基础信息和及时准确的维护保养管理信息上，同时溢油应急资源调配的信息变化与溢油应急资源的基础信息将在系统上同步进行，只有这样才能形成闭环的溢油应急资源管理，保障溢油应急资源的信息准确，设备和物资随时可用，提高资源的调配效率。

#### 2. 溢油应急资源分类统计标准化建立

我国的溢油应急行业相对于国外发展较晚，各种溢油装备和物资的分类和名称多源于对国外相关资料的翻译，而国内的生产厂家和技术报告对于行业的专业术语尚未有明确统一的方案，导致很多装备、物资在名称和型号出现一定程度上的混乱,在溢油应急装备、物资的统计和调用上存在一定的混淆。因此,为了提高溢油应急资源管理效率,规范溢油应急装备、物资装备的分类统计,形成标准化的统计标准和方法,便于集中高效管理以及开展溢油应急资源分类统计标准化研究。

(1)溢油应急资源分类统计方法

梳理溢油应急资源品类及所包含的目标群体,主要包括应急人员、溢油应急装备及相关配件、溢油应急物资、应急专家、社会资源等内容。

根据各品类情况梳理相关的信息目录,考虑溢油应急响应实际需要进行调整,补充需求信息。

将归纳整理的信息进行统一分类和命名(如收油机、撇油器等称呼),并制定详细的信息统计规则,包括命名方式和表达方法。

编制各应急资源信息统计标准化表格,包含填写要求和说明,统一规范全部信息内容。

(2)溢油应急资源统计内容

1)应急人员

应急人员信息统计主要分为基础信息(表5.9)、人员应急经历信息(表5.10)、人员证书情况(表5.11)、培训经历(表5.12)。基础信息用来了解人员的基本情况,其中比较重要的内容为年龄,确定人员的身体状况是否适合从事重体力消耗的工作,了解应急人员的擅长领域,以便选择合适的人员开展工作。应急人员经历主要反映了应急人员的经验,实战经验对于溢油应急响应作业是至关重要的,应急响应现场经常面临不确定的突发情况,拥有良好的实战经验能够帮助应急人员在应对突发状况时有更多的选择和处理方式。人员证书和培训经历则是反映应急人员的资质和能够承担的作业条件,在某些环境下,如硫化氢作业需要有相应的资质证书和培训经理才能保障应急人员有足够的知识处理相应的状况。

表5.9 应急人员基础信息

| 序号 | 信息内容 | 说明 |
|---|---|---|
| 1 | 所属机构 | 应急人员所属的组织机构、公司 |
| 2 | 人员照片 | 人员的免冠近照 |

| 序号 | 信息内容 | 说明 |
|---|---|---|
| 3 | 姓名 | |
| 4 | 性别 | 男或女 |
| 5 | 出生日期 | |
| 6 | 人员类型 | 专职应急人员、兼职应急人员 |
| 7 | 人员类别（专） | 初级队员、中级队员、资深队员、人工清理人、策略支持、漂移预测、物流、采办、资金保障、保险理赔、应急管理、安全管理、现场指挥、副总指挥、总指挥 |
| 8 | 人员类别（兼） | 操作人员、管理人员、指挥人员 |
| 9 | 移动电话 | 11 位手机号码 |
| 10 | 工作岗位 | 包括普通人员、主管、高级主管、部门经理、总经理、其他 |
| 11 | 学历 | 包括高中、大专、本科、硕士研究生、博士研究生、其他 |
| 12 | 工作所在地 | 省市区三级联动的选择 |
| 13 | 详细地点 | 工作详细地点 |
| 14 | 用工形式 | 包括自有员工、承包商 |
| 15 | 职称 | 包括初级、中级、高级 |
| 16 | 电子邮箱 | 邮箱后缀为 @ |
| 17 | 擅长领域 | 包括指挥协调、现场指挥、策略制定、溢油预测、培训、设备操作、人工清理、后勤保障、资料分析 |
| 18 | 备注 | 其他需要说明的事项 |

表 5.10　人员应急经历

| 序号 | 信息内容 | 说明 |
|---|---|---|
| 1 | 事件名称 | 应急演练或应急实战的名称 |
| 2 | 事件类型 | 包括应急演练、应急实战 |
| 3 | 级别（演练） | 事件类型选择应急演练，包括集团公司级演练、分公司级演练、海上油田级、专业公司内部级 |
| 4 | 级别（实战） | 事件类型选择应急实战，包括一般、较大、重大、特别重大 |
| 5 | 事件日期 | 事件发生日期 |
| 6 | 担任角色 | 包括总指挥、副总指挥、现场指挥、作业领队、操作人员、后勤人员、资源管理、策略支持、漂移预测、其他 |

表5.11　人员证书情况

| 序号 | 信息内容 | 说明 |
|---|---|---|
| 1 | 证书名称 | 五小证、硫化氢、溢油应急一级证书、溢油应急二级证书、溢油应急三级证书、健康证、其他 |
| 2 | 证书照片 | pdf、word 格式 |
| 3 | 取得日期 | 证书取得日期 |
| 4 | 到期日期 | 证书过期日期 |

表5.12　培训经历

| 序号 | 信息内容 | 说明 |
|---|---|---|
| 1 | 培训名称 | 培训的名称 |
| 2 | 组织形式 | 包括面授、视频、面授＋视频 |
| 3 | 完成日期 | |
| 4 | 培训学时 | 本次培训的培训学时 |

2）应急装备

应急装备信息主要分为基础信息（表 5.13）、历史使用信息（表 5.14）。除装备的类别、数量等基础信息外，综合考虑运输和使用等条件，我们还需要在装备管理中加入装备的尺寸、重量、适合处置的油品、全配件信息、维护保养信息，确保装备运输到现场后是可用和适用的状态。同时，需要对大型设备按照标准化的配件进行管理，统计大型设备所需配件的重量、名称、数量、接口等信息，并为每一种大型设备标注当前配件是否齐全、是否有备件等状态。应急装备的历史使用信息有助于我们了解应急装备的使用条件和在当时环境下的使用效果，帮助我们进行装备的选择。此外，对装备的明确分类是应急装备管理的关键因素之一。梳理应急过程中所用的装备类型，按照需求将装备进行分类管理（表 5.15），按照分类分级的方式制定统一的管理。

表5.13　应急装备基础信息

| 序号 | 信息内容 | 说明 |
|---|---|---|
| 1 | 所属机构 | 所属的组织机构、公司 |
| 2 | 所属基地 | 所属的基地、设备单元 |

| 序号 | 信息内容 | 说明 |
|---|---|---|
| 3 | 所属区域 | 存放在基地的自定义区域 |
| 4 | 装备名称 | 装备的名称 |
| 5 | 装备照片 | |
| 6 | 操作手册 | 文件格式 pdf/word |
| 7 | 编号 | 装备的编号 |
| 8 | 装备类别 | 收油机、艇类、围油栏、喷洒装置、清洗装置、储油装置、卸载装备、焚烧装备、动力站、充气机、冲水机、应急灯、浮筒／球、集装箱、吊笼、泵类、卷缆机 |
| 9 | 装备类型 | 装备的所属类型 |
| 10 | 是否大型 | 是或否 |
| 11 | 装备型号名称 | 与配件管理相关装备型号 |
| 12 | 已有配件 | 对应配件列表,统计应有配件和缺少该配件 |
| 13 | 型号 | |
| 14 | 厂家 | 厂家信息 |
| 15 | 数量 | 装备数量 |
| 16 | 单位 | 台、艘、米、个 |
| 17 | 重量 | kg |
| 18 | 尺寸 | m |
| 19 | 来源 | 采购或租用 |
| 20 | 投用日期 | |
| 21 | 装备状态 | 可使用、待使用、故障中、维修中 |
| 22 | 入库日期 | |
| 23 | 主要参数 | 设备性能参数 |
| 24 | 备注 | |

表 5.14　历史使用信息

| 序号 | 信息内容 | 说明 |
|---|---|---|
| 1 | 名称 | 事件名称 |
| 2 | 油品性质 | 轻质原油、中质原油、重质原油 |

续表

| 序号 | 信息内容 | 说明 |
|---|---|---|
| 3 | 海况 | 根据当时的天气、海况填写 |
| 4 | 时间 | 事件发生事件 |
| 5 | 备注 | |

表 5.15　装备分类对照表

| 序号 | 装备类型 | 装备类别 | 序号 | 装备类型 | 装备类别 |
|---|---|---|---|---|---|
| 1 | 冰区撇油器 | 收油设备 | 26 | 钢制储油罐 7 方 | 储油装置 |
| 2 | HAF30 撇油器 | 收油设备 | 27 | 高压清洗机 | 清洗装置 |
| 3 | 侧挂式撇油器 | 收油设备 | 28 | 高压清洗机（冷水） | 清洗装置 |
| 4 | 大型撇油器 | 收油设备 | 29 | 小型便携式智能焚烧炉 | 焚烧设备 |
| 5 | 多功能撇油器 | 收油设备 | 30 | 工作艇 | 艇类 |
| 6 | 轮毂式撇油器 | 收油设备 | 31 | 气垫船 | 艇类 |
| 7 | 堰式撇油器 | 收油设备 | 32 | 充水机（沙滩围油栏） | 冲水机 |
| 8 | 蠕动泵撇油器 | 收油设备 | 33 | 充气机（沙滩围油栏） | 充气机 |
| 9 | 绳式撇油器 | 收油设备 | 34 | HPP50 动力站 | 动力站 |
| 10 | ZK30 撇油器 | 收油设备 | 35 | 伊兰斯特动力站 | 动力站 |
| 11 | 真空撇油器 | 收油设备 | 36 | HF12 动力站 | 动力站 |
| 12 | PVC 固体浮子式围油栏 | 围油栏 | 37 | HPP30 动力站 | 动力站 |
| 13 | PVC 快速布放围油栏 | 围油栏 | 38 | DOP250 泵 | 泵类 |
| 14 | 橡胶固体围油栏 | 围油栏 | 39 | 气动隔膜泵 | 泵类 |
| 15 | 岸滩围油栏 | 围油栏 | 40 | XZ-60 卸载泵 | 泵类 |
| 16 | 1500 充气式围油栏 | 围油栏 | 41 | GT50 泵 | 泵类 |
| 17 | 防火固体围油栏 | 围油栏 | 42 | 阿基米德螺杆泵 | 泵类 |
| 18 | PVC 吸油拖栏 | 围油栏 | 43 | 吊笼 | 吊笼 |
| 19 | HPS140B 消油剂喷洒装置 | 喷洒装置 | 44 | 自发电应急灯 | 应急灯 |
| 20 | PS40 消油剂喷洒装置 | 喷洒装置 | 45 | 浮筒、浮球 | 浮筒／球 |

| 序号 | 装备类型 | 装备类别 | 序号 | 装备类型 | 装备类别 |
|------|----------|----------|------|----------|----------|
| 21 | HDSK40 船用喷洒装置 | 喷洒装置 | 46 | 1500 围油栏动力站集装箱 | 集装箱 |
| 22 | HPS40B 消油剂喷洒装置 | 喷洒装置 | 47 | 物资集装箱 | 集装箱 |
| 23 | PS140B 船用喷洒装置 | 喷洒装置 | 48 | 侧挂集装箱 | 集装箱 |
| 24 | 聚氨酯储油囊 100 方 | 储油装置 | 49 | 多功能集装箱 | 集装箱 |
| 25 | 聚氨酯储油囊 25 方 | 储油装置 | 50 | 维修集装箱 | 集装箱 |

3）应急物资

在溢油应急物资管理方面，要明确物资的规格和计量方式（表 5.16），如吸油毛毡的尺寸、包装方式、每箱的数量，以便对物资进行统一的计量，也为后续资源消耗的统计和资源补充提供便捷。

表 5.16 应急物资信息表

| 序号 | 信息内容 | 说明 |
|------|----------|------|
| 1 | 所属机构 | 所属的组织机构、公司 |
| 2 | 所属基地 | 所属的基地、设备单元 |
| 3 | 所属区域 | 存放在基地的自定义区域 |
| 4 | 物资名称 | 名称 |
| 5 | 物资照片 | |
| 6 | 编号 | 自定义编号 |
| 7 | 物资类别 | 消油、吸油、围油、捞油、安全警示、挖扫、其他 |
| 8 | 数量 | |
| 9 | 单位 | 吨、米、个、套、包、箱 |
| 10 | 规格 | 每包具体数量 |
| 11 | 型号 | 物资型号 |
| 12 | 厂家 | 厂家信息 |
| 13 | 物资状态 | 可使用、不可使用 |
| 14 | 入库日期 | |

续表

| 序号 | 信息内容 | 说明 |
|---|---|---|
| 15 | 过期日期 | |
| 16 | 主要参数 | |
| 17 | 备注 | |

4）应急专家

应急专家管理最主要的信息是要掌握应急专家所擅长的领域,对专家所属的背景专业和当前从事的工作内容有充分的了解,有助于帮助应急管理团队进行应急专家的选择(表 5.17)。

表 5.17　应急专家信息表

| 序号 | 信息内容 | 说明 |
|---|---|---|
| 1 | 所属机构 | 所属的组织机构、公司 |
| 2 | 姓名 | |
| 3 | 性别 | 男或女 |
| 4 | 出生日期 | 生日 |
| 5 | 专家类别 | 钻井专家、井控专家、消防火灾专家、溢油环保专家、船舶救援专家、危险化学品专家、食品卫生专家、信息安全专家、道路运输专家、其他 |
| 6 | 专家级别 | 集团公司专家、集团公司所属单位专家、专业技术带头人、其他 |
| 7 | 电话 | 移动电话、固话 |
| 8 | 职务 | 现在职务 |
| 9 | 技术职称 | 高级工程师、副高级工程师、中级工程师、初级工程师、助理级工程师 |
| 10 | 电子邮件 | 邮箱后缀为 @ |
| 11 | 专家照片 | |

5）社会资源

除了企业自身的资源外,随着溢油应急事故的扩大,企业内部的资源可能由于数量、地点等限制无法及时满足现场的需求,这就需要周边应急力量和资源的支援。通过梳理社会资源信息,掌握资源的类型、所属、规模、数量等信息,能够帮助企业快速掌握周边应急资源信息(表 5.18),实现资源的快速调用,以支持应急响应。

表 5.18　社会资源信息表

| 序号 | 信息内容 | 说明 |
|---|---|---|
| 1 | 名称 | 社会机构、政府、企业名称 |
| 2 | 类型 | 溢油应急、综合应急、危化品处置、井控、管道抢险、人员搜救、医疗救助 |
| 3 | 所在地区 | 所在省市区 |
| 4 | 详细地址 | 机构详细地址 |
| 5 | 负责人 | 机构负责人姓名 |
| 6 | 照片 | |
| 7 | 坐标 | 资源坐标 |
| 8 | 联系方式 | 移动电话、固话 |
| 9 | 备注 | |

### 3. 溢油应急资源管理标准化流程建立

建立标准化的溢油应急资源管理流程有助于溢油应急资源的高效管理,便于进行日常资源调配的训练以及不同人员在统一架构下的良好协作。根据自身资源管理的特点制定符合应急管理习惯的溢油应急资源调配流程,是溢油应急资源管理体系建立的第一步。

(1)溢油应急资源调配流程

下文重点介绍溢油应急资源动员过程管理(图 5.4)。

① 根据已有的溢油应急资源信息和溢油应急策略,明确现场的溢油应急资源需求。

② 根据溢油应急资源需求检视各基地和设备单元中装备和物资的库存情况、使用状态(配件是否齐全、维护保养状态等)。

③ 确定应急资源能够满足现场需求后,提出资源申请,相关管理人员制定资源需求单。

④ 资源审批经理对资源需求单进行检查和审批。

⑤ 库房管理人员对已完成审批的人员进行资源最后盘点,协调相关运输

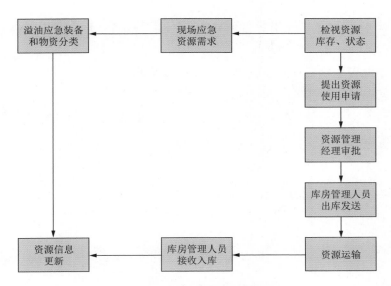

图 5.4 溢油应急资源调配流程

方式将应急物资运出。

⑥ 跟踪运输信息及资源抵达时间。

⑦ 接收库房的管理人员完成装备和物资接收以及入库工作。

⑧ 同步更新资源调配完成的相关信息。

（2）溢油应急装备和物资出入库管理

溢油应急装备和物资出入库管理流程如图 5.5 所示。

① 根据溢油应急资源需求确定调动的溢油应急资源后，由库房管理员（发出基地）从系统中按照相应的型号、数量选择溢油应急装备和物资。

② 由库房管理员（发出基地）将选择的装备和物资加入出库清单，并提交出库申请。

③ 由相应的审批经理（发出基地）对库房管理员的出库清单进行检查和批准，检查无误后通过审批。

④ 由相应的审批经理（接收基地）对出库清单进行检查和审批，确保接收基地可以接收相关物资和装备后通过审批。

⑤ 待出库申请通过审批经理审批后，仓库管理员（发出基地）进行应急资源出库，填写交通运输信息（船舶、汽车等）、运输联络方式等。

⑥ 待溢油应急物资和装备抵达接收基地后，由仓库管理员（接收基地）确

认送达信息,并根据出库单核对物资和装备型号、数量、状态等信息是否一致,待检查无误后,完成入库流程。

⑦ 溢油应急物资和装备信息同步至接收基地。

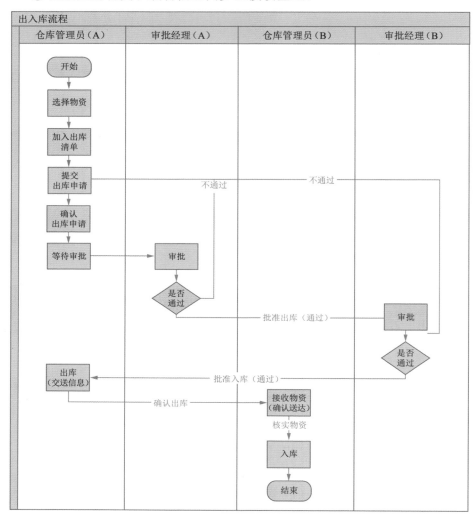

图 5.5　溢油应急装备和物资出入库管理流程

### 4. 溢油应急资源管理方案

以溢油应急资源管理流程和溢油应急资源分类统计为基础,制定溢油应急资源管理方案,涵盖溢油应急资源管理的全周期,实现溢油应急资源管理的标准化管理,资源管理方案框架可参照概况、管理范围、术语定义、管理原则、管理流程等内容,根据实际情况制定符合公司结构的管理方案。

（1）概况

溢油应急物资、装备和应急人员是应急准备环节的重要内容,建立一个直观有效的管理方案对支持溢油应急响应策略制定十分必要,有利于日常装备、物资、人员的管理,也能提升在应急发生时快速响应的效率和区域资源协作能力。通过溢油应急资源管理系统建设研究,实现溢油应急物资、装备、人员的管理能力的有效提升。

（2）溢油应急资源管理范围

溢油应急资源管理方案主要涉及溢油应急人员、溢油应急装备和溢油应急物资等信息,同时囊括部分设备单元、溢油事故响应临时基地、海上溢油应急资源存放点等相关资源管理,资源管理内容包含溢油应急资源基础信息统计、资源动员、出入库管理、运输、资源复原等全周期流程。

（3）术语定义

应急指挥中心:直接指挥应急现场作业的应急指挥部,如天津分公司应急指挥中心、现场应急指挥中心、环保公司应急指挥中心等。

资源管理单元:负责应急资源协调管理的职能小组。

资源基地:指应急资源存放的基地,如塘沽基地、惠州基地、涠洲岛基地等。

陆地资源集结区:指为将物资运往事故现场的应急资源临时存放地点,如龙口码头、塘沽码头和陆地现场临时设置的物资暂存地。

海上资源集结区:指为了应对应急事故的海上应急资源集中存放地,如某平台、某船舶。

现场作业队伍:指负责应急现场作业实施的队伍和人员。

（4）职责分工

应急指挥:负责统筹应急资源管理,下达应急资源需求指令。

资源管理单元:负责应急资源协调、统计、管理的职能小组。接受应急指挥应急资源指令,分析应急资源需求,确定应急资源数量、位置、状态,并将应急资源调配指令传达给资源基地管理人员;统计应急资源使用情况,跟踪应急资源物流状态。

资源基地管理人员:负责应急基地资源的管理,包括应急资源数量清点、状态维护、资源安全等工作。接收应急资源调度指令,按照指令要求确定调度资源数量,组织安排资源装配和运输,确认资源发出数量,并及时将信息反馈至应急指挥中心;负责本基地应急资源统计;负责应急资源的出入库记录和管理。

陆地资源集结区管理人员:负责应急资源集结区的管理,包括应急资源数量清点、状态维护、资源安全等工作。接收应急资源调度指令,按照指令要求确定调度资源数量,组织安排资源装配和运输,确认资源发出数量,并及时将信息反馈至应急指挥中心;负责本集结区应急资源统计;负责应急资源的出入库记录和管理。

海上资源集结区:负责应急资源集结区的管理,包括应急资源数量清点、状态维护、资源安全等工作。接收应急资源调度指令,按照指令要求确定调度资源数量,确认资源发出数量,并及时将信息反馈至应急指挥中心;负责本集结区应急资源统计;负责应急资源的出入库记录和管理。

现场作业队伍:负责提出现场资源需求,做好资源接收和复原签到,及时反馈应急资源信息,做好本队伍应急资源统计和记录。

(5)溢油应急资源管理原则

① 溢油应急资源按照标准化名称和标准化信息目录进行统计。

② 溢油应急资源调配及时、准确,信息反馈无误。

③ 负有溢油应急资源管理职责的人做好资源签到工作。

④ 各人员了解自己的岗位职责和工作,保证职责和工作落实到位。

⑤ 明确环境风险和响应措施,保护自身安全,维护应急资源安全。

⑥ 溢油应急资源需求符合现场实际,并且需求合理,能够实现。

⑦ 做好溢油应急资源调配、维修、使用记录,保证记录真实、准确、有效。

(6)溢油应急资源动员管理流程

溢油应急资源在响应阶段主要分两个阶段,事故发生时的响应阶段和事故结束后相关资源的复原阶段(图5.6)。动员阶段的重点是启动要快速、确保装备、物资状态可用,能够第一时间支持现场的应急响应行动。复原阶段的重点是要厘清应急装备使用后的装备数量和状态以及溢油应急物资的消耗状态,确保相关信息准确,保障装备物资形成闭环的统一管理。

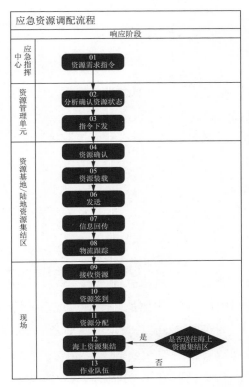
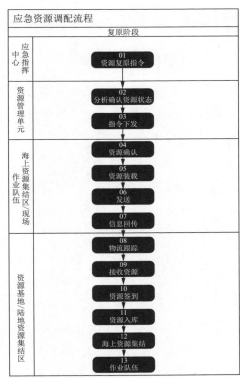

图 5.6　溢油应急资源动员管理流程

### （7）溢油应急装备和物资出入库管理

溢油应急装备和物资出入库管理主要涉及的相关人员包括出库出库库房管理员、出库审批经理、入库审批经理、入库库房管理员。由出库库房管理员根据溢油应急实际需求制定出库清单（选择资源种类和数量），并提出出库申请，由出库审批经理确认无误后，由入库审批经理确认能否接收相关溢油应急资源（是否满足溢油需要，接收基地是否有足够的空间和管理能力），确认无误后通过审批，由出库库房管理员负责将设备进行检查、装载，确定运输方式和联系方式，发往资源接收地，入库库房管理员在接收到运输的溢油应急资源后，根据出库清单核对资源的数量和状态是否正确，如准确无误，则进行入库操作，所有资源信息即时同步至接收基地，如与出入库清单有所出入（如多发、错发、少发），需联系出库库房管理员进行核实处理。

## 五 应急信息管理

### （一）信息管理的目标

信息管理在支持应急决策和内外部沟通方面具有重要意义。然而,在应急中进行有效决策和内外部沟通的最终目标包括以下几点。

① 拯救生命,减少伤亡。

② 保护自然环境和社会财产。

③ 为战术方案的规划与实施提供支持。

④ 教育、通告、改变应急人员的态度与行为。

⑤ 获取外部媒体、公众与利益相关者的支持。

⑥ 重塑公众的信心,稳定社会运行。

这些目标能否实现与应急总指挥的态度、能力和对信息管理的关注度密切相关。在应急过程中,应急总指挥非常重要的一项工作便是明确信息管理的框架,这个框架包括信息的分类、不同部门的责任分工、信息管理的具体流程、每个职位的具体任务以及关键信息的管理要求等内容。在一些大型事故的应对中,考虑到信息管理工作的复杂性,应急总指挥会制定完备的信息管理方案来指导相关的工作。

### （二）应急中的关键信息

CIMS 中对溢油应急中的关键信息管理进行了专门的阐述。关键信息是会对应急决策产生重要影响的信息,需要获得应急总指挥与应急管理团队的特别关注,因此应急总指挥需要在应急前期就明确关键信息汇报要求中的内容并将其记录在关键信息表中。这可以确保任何获得关键信息的应急人员都会在第一时间将其传达给应急总指挥及其决策团队,以下为应急中常见的关键信息示例。

① 突发事件的状况与发展趋势:

• 溢油事件的基本状况(泄漏源、油品特性、泄漏性质等);

• 泄漏油品的扩散与漂移状况等;

• 现场次生事故的发生(火灾、爆炸、中毒、坍塌等)。

② 重要的上级指示或指导性文件：

· 上级行政机构的指示；

· 应急需要遵守的法律、法规、条例和协议；

· 应急预案与专项预案；

· 上级领导的来访。

③ 地方政府的应急防备规划与处置策略：

· 应急待命状态与响应级别的变化；

· 人员撤离方案与预计实施时间；

· 政府应急的持续性信息。

④ 现场应急救援资源的状态：

· 一线溢油应急队员的分布与状态；

· 溢油应急活动以及其他重要应急作业；

· 食物、饮水、住宿、医疗、电力以及通信的状况；

· 关键性应急资源的缺口；

· 应急储备人员的情况。

⑤ 溢油事件造成的损失与影响：

· 对关键基础设施的损坏与修复措施；

· 对政治、文化、历史等资源的损害与修复措施；

· 对自然生态的损害与预计的恢复时间；

· 对不同经济主体造成的直接和间接的经济损失；

· 对地区、国家、全球造成的宏观与长期的影响。

⑥ 不同群体人员的基本情况，这些群体包括：

· 人民大众；

· 应急队员；

· 政府官员。

⑦ 安全与健康相关的信息：

· 安全方面的主要顾虑（如溢油事件中的重要安全风险等）；

· 人员安全与健康方案；

· 人员救助或隔离方案。

⑧ 参与溢油应急的各个机构的重要信息：

• 主管应急的行政机构（海事部门、海洋部门、应急管理部门等）；

• 参与应急的其他机构（石油公司、船公司、清污公司、其他应急供应商等）；

• 重要利益相关者的信息（渔业、旅游业、周边社区、周边工业等）。

⑨ 公共信息管理的要求、指南或具体方案。

⑩ 影响应急的天气或海况等信息：

• 风向与风速；

• 洋流方向与速度；

• 浪高；

• 阴晴、降雨、雷电等天气状况。

由于关键信息的准确性与实效性都对应急决策有着非常重要的影响，所以对于应急总指挥而言，明确关键信息的汇报要求是非常重要的。通常情况下，在应急总指挥明确了关键信息的清单之后，与其相关的数据就会源源不断地被作业部或应急管理团队的其他部门所收集，并通过分析和整合成为有用的事故信息。这些事故信息接下来会被传达给应急管理团队的所有成员，以便于他们为支持现场应急作业做出决策与必要调整。同时，这些信息还会被进一步筛选、处理和总结，并及时传达给应急管理外部机构，包括支持应急的上级行政机构、参与应急的合作机构、外部利益相关者以及媒体与公众等。参与应急的合作机构需要确保其能够通过这些信息更好地支持应急作业；而外部利益相关者、媒体与公众则需要对突发事件的态势、应急的进程、取得的成就以及相关的顾虑有正确的认知。

## （三）信息管理的流程

信息管理流程也可以形成一个闭环性质的循环图。应急信息的管理流程如图5.7所示，其中各个环节的具体任务如下。

明确信息需求并分配具体任务：首先，应急总指挥需要确认事故应急过程中信息管理的要求、规章与制度，明确需要收集的信息类别与需求，并将信息管理的具体任务分配给应急管理团队的相关人员。

监测与收集：作业部与其他负责收集信息的相关部门（如状况单元等）需

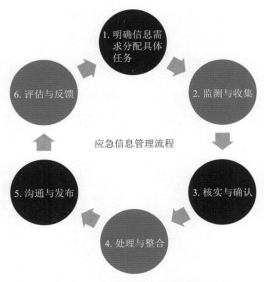

图 5.7　应急信息的管理流程图

要时刻监测事故的态势与应急的进程,并及时收集应急所需要的数据与信息。

核实与确认:负责信息处理的部门(如状况单元、情报官、公共信息官等)在接收到这些信息时,需要核实数据与信息的准确性与时效性。

处理与整合:负责信息处理的部门会将核实后的数据与信息进行筛选、分析、处理和整合,绘制成为通用作业态势图 COP 或形成其他可沟通或发布的文件。

沟通与发布:负责信息沟通的部门在这个环节需要将处理与整合后的信息按照信息需求与应急管理团队的不同部门和外部的相关机构进行沟通。这些负责信息沟通与发布部门的管理职位包括状况单元领队、公共信息官、联络官、情报官、安全官、作业组组长、计划组组长等,他们需要负责沟通和发布的信息内容和对象都是预先规划的。

评估与反馈:这是整个信息管理流程中的最后一个环节,各个部门需要评估信息管理的效率与效果。如果发现任何问题,相关人员应及时与应急总指挥或相关部门进行反馈。应急总指挥需要根据反馈不断调整应急中信息管理的要求、规章、制度以及任务分配,以确保信息管理可以更好地为整个应急提供支持。

信息管理可以借助 CIMS 标准化的管理表格（表 5.19），表格的使用需要根据事故的规模进行灵活选择，通过表格明确各阶段的工作内容，掌握应急指挥过程中的各项关键信息，保障应急管理团队在有序的环境下持续运行。

表 5.19　CIMS 标准化的管理表格使用说明

| 编号 | 表名 | 起草与完成所处阶段 | 用途 |
|---|---|---|---|
| 必要表格 | | | |
| CIMS 201 | 事故简报 | 初始事故简报 | 用于事故上报及事故情况介绍 |
| CIMS 202 | 事故目标 | 应急目标制定 | 用于应急总指挥确定事故应急目标 |
| CIMS 203 | 应急组织架构任命清单 | 应急目标制定 | 用于确认本作业周期的应急组织机构 |
| CIMS 204 | 现场任务清单 | 战略战术制定<br>事故行动方案形成与审批 | 用于明确任务的分配及相关资源的供给情况 |
| CIMS 207 | 应急组织架构图 | 应急目标制定 | 图形化的应急指挥链展示 |
| CIMS 213RR | 资源申请表 | 整个作业周期 | 用于资源申请时对资源种类、规格、报到时限与地点要求的确定 |
| CIMS 215 | 行动计划工作表 | 战略战术制定<br>事故行动方案形成与审批 | 用于资源需求的确定 |
| CIMS 215A | 事故行动方案安全分析 | 战略战术制定<br>事故行动方案形成与审批 | 用于针对应急任务的风险分析 |
| CIMS 234 | 作业分析表 | 战略战术制定<br>事故行动方案形成与审批 | 用于根据目标，分析战略战术、具体采取方法的选定 |
| 可选表格 | | | |
| CIMS 205 | 通信方案 | 战略战术制定<br>事故行动方案形成与审批 | 用于建立应急机构人员的联系方式及通信手段 |
| CIMS 206 | 医疗方案 | 战略战术制定<br>事故行动方案形成与审批 | 用于建立医疗救助点及医院的联系方式及功能简介 |
| CIMS 210 | 资源状态更改表 | 整个作业周期 | 用于资源追踪过程中状态的更新 |

| 编号 | 表名 | 起草与完成所处阶段 | 用途 |
|---|---|---|---|
| CIMS 211 | 资源签到表 | 整个作业周期 | 用于资源的签到记录,纳入到资源库中 |
| CIMS 233 | 任务追踪表 | 整个作业周期 | 用于及时更新和浏览所有任务进展情况 |

### (四) 信息管理的责任分工

应急管理团队是事故信息的主要管理者,也是主要使用者。事故信息的管理对现场应急作业具有以下重要作用。

① 有助于应急管理团队了解当前的事故状况与应急进程。

② 有助于应急管理团队对事故的态势变化作出预测。

③ 为以下工作提供支持:

• 对短期、中期和长期的战略方法的选择;

• 战术方案的制定;

• 备选战略的选择与备选方案的制定。

④ 准备事故状况报告并递交主管应急的行政机构。

⑤ 为参与应急的合作机构提供简报。

在 CIMS 的体系下,应急管理团队中负责信息管理的部门职责分工如下。

(1) 应急总指挥

应急总指挥需要根据主管应急的行政机构的要求与规定明确应急中信息管理的基本流程,并根据事故的具体特点制定关键信息的汇报要求。在整个应急过程中,应急总指挥需要对所有的数据与信息负责,并时刻关注这些信息汇总成的事故全貌,通用作业态势图 COP 常常会成为事故全貌的重要组成部分。事故全貌不但可以帮助应急总指挥获得对应急的全局性把控,还使得应急总指挥可以核查与校正应急中的数据,并在此基础上审批不同事故信息的发布。

(2) 公共信息官

公共信息官需要为制定关键信息汇报要求提供支持,以确保能够为媒体和公众的沟通提供足够的信息。公共信息官是外部信息沟通的主要负责人,需要把控所有公布给媒体、公众以及现场应急人员的信息内容与沟通方式。

（3）联络官

联络官需要为制定关键信息汇报要求提供支持，以确保能够为参与应急的合作机构（包括协助机构与援助机构）、政府部门（包括国家、区域以及地方政府）或其他利益相关者提供足够的信息。联络官是与合作机构与利益相关者进行沟通与协调的主要负责人，需要为这些合作机构与利益相关者提供事故简报与状况更新，并回答任何应急相关的疑问与顾虑。

（4）情报官

情报官需要为制定关键信息汇报要求提供支持，以确保这些关键信息能够为法律合规、反恐活动以及其他技术性决策提供足够的支持。情报官是应急中对机密信息和专业信息进行分析的主要负责人。

（5）作业组组长

作业组组长需要为制定关键信息汇报要求提供支持，以确保这些关键信息可以为各个现场的应急作业提供支持。由于关键信息会对战术规划造成非常重要的影响，所以作业组组长往往需要根据这些关键信息的内容适当调整现场应急作业的战略方法和战术任务。

（6）计划组组长

计划组组长需要负责信息管理流程并监督信息管理方案的执行。如果计划组组长投入事故行动方案的制定中，应急总指挥可以设立代理计划组组长来专门负责信息管理的相关事宜。

（7）状况单元领队

状况单元是应急管理团队主要事故信息的汇集点。状况单元领队需要通过各个渠道收集事故相关的数据与信息，并负责这些数据与信息的处理、整合、展示和分发。状况单元绘制的通用作业态势图COP或其他可发布的信息展示文件需要满足应急总指挥以及整个应急管理团队的信息需求。

（8）资源单元领队

资源单元是对投入应急中的所有战术资源进行追踪、统计和展示的部分。资源单元领队需要建立战术资源的签到流程，并通过对抵达资源的签到和资源状态的更新完成对所有战术资源的追踪和统计，从而使其可以为应急管理团队提供最新的战术资源信息。

（9）通信单元领队

通信单元领队需要建立用于通信的基础设施，并管理各类通信设备，以保证应急管理团队的各个部门可以顺利完成数据与信息的沟通。

（10）环境单元领队

环境单元领队需要为制定关键信息汇报要求提供支持，以确保这些关键信息可以为保护环境相关的目标制定和战术规划提供足够的决策依据。此外，环境单元领队还要管理各类环境数据，并将其处理和整合成便于沟通的环境信息，以确保应急管理团队、相关科研单位和利益相关者可以获取这些信息。

（11）档案单元领队

档案单元领队负责制定事故信息的备档程序，并监督和管理这些信息的备档工作。

我们在应急时所有的决策与行动都是基于所掌握的事故信息，所以信息管理是应急指挥与管理中不可忽视的关键工作之一。应急总指挥需要在应急初始阶段就制定信息管理的流程并制定关键信息的汇报要求。在大型复杂事故的应急中，制定一套系统化的信息管理方案有助于各个职位明确其在信息管理方面的职责与任务。如果应急的信息管理工作变得复杂与烦琐并需要专门的人员来进行管理，应急总指挥可以设立代理应急指挥或代理计划组组长来负责信息管理方案的制定以及方案执行过程中的协调工作。

## 六　应急安全控制

当溢油发生时，安全和健康是一个永恒的话题，无论是公众健康还是应急人员的健康，都应该严肃认真地对待。一个完善的应急组织应该有科学合理的安全健康管理程序，每一个应急组织都应该建立适合的安全健康管理方案，并且通过不断的复习、演练、实践完善安全健康管理方案。

在溢油应急工作中，公众和应急队员的安全拥有最高优先级，一个安全健康应急管理体系需要从上到下贯穿整个应急过程，涉及所有参与应急的组织和人员。可以委派专门的技术人员或者团队来负责管理应急。应急人员因为深度参与应急难以了解情况的全貌，而专门的监测人员可以在现场附近观测和思考相关的安全问题，比如在变化的环境中持续监测、保持安全意识、评估风险和不安全环境，并且寻找方法确保应急人员的安全。对溢油应急作业中风险的充分认识是保障安全的重要考量,但是要提高溢油应急作业安全的整体水平,制定合理的应急安全管理措施是必不可少的[2]。这些措施包括以下几个方面。

### (一) 健康安全管理体系

通常用健康安全管理体系来保证事故发生处理的可靠性(图 5.8),一个良好的健康安全标准要有特定的程序并且配合实践指导,对那些没有完善管理体系的公司尤其适用。

### (二) 安全管理措施

专门的监测人员可以在现场附近观测和思考相关的安全问题。在需要立即采取行动时行使紧急权力以防止或制止不安全行为,他们还会对溢油应急响应过程中发生的任何事故进行调查,表 5. 20 为可以采取的安全管理措施。

图 5.8 常见的健康安全管理体系

表 5.20 溢油应急现场安全管理措施

| 编号 | 安全管理措施 | 说明 |
| --- | --- | --- |
| 1 | 初始事故安全评估报告 | 风险证明、风险评估、应急人员选择(包括本地劳动力、特殊作业队伍) |
| 2 | 控制标准 | 比如管控区设置、专业设备需求和 PPE 要求 |
| 3 | 评估培训需求 | 作业相关的必要培训,受过合适培训和有相关经验的人更适合管理和监控应急活动 |
| 4 | 使用和填写现场健康安全计划 | 相关的信息可以从健康安全专家、风险评估内容和环境监测数据中取得 |
| 5 | 每日的工作计划会 | 澄清健康安全相关问题,全体应急人员相互交流风险和其相关预防和处置措施 |
| 6 | 使用现场安全检查清单 | 记录任何特定场所或由特定操作引起的危害的方法 |

### (三) 现场安全和健康计划

负责人应确保现场健康安全计划的制定和实施符合地方和国家法律的规定。现场安全和健康计划应包含下列事项:

- 对每个现场、任务和操作进行健康和安全危害分析；
- 风险评估；
- 整体的工作计划；
- 人员培训要求；
- 特定任务的适合度要求；
- 个人防护装备（PPE）选择标准；
- 个人及地区空气监察；
- 现场控制措施；
- 进入密闭空间的程序；
- 进入前简报（初始／每日／轮值）；
- 所有事故参与者工作前的健康与安全。

绘制现场应急布置图可以帮助应急人员了解当地的风险和安全，在健康与安全会议上进行展示，如果现场环境发生了改变，要及时更新相关内容并通知所有的人员。

## （四）健康和安全简报

可以使用健康安全简报确保安全的变化，所有涉及溢油应急处置的参与方都应该出席简报会议，以明确与团队相关的信息。

健康和安全简报应该包括的内容：
- 工作区域特性；
- 溢油的风险信息；
- 控制措施（如 PPE）；
- 撤离路线；
- 集合点；
- 急救位置；
- 工作区位置；
- 指挥部位置；
- 发生其他紧急情况应如何应对。

### （五）风险评估

当一个溢油应急事故发生时，现场的指挥和作业人员首先要做的是对事故现场进行综合性的风险评估和危险分析，确保现场溢油应急人员和公众的安全，初始分析评估内容见表 5.21。

表 5.21　溢油应急现场初始评估内容

| 编号 | 初始评估内容 |
| --- | --- |
| 1 | 是否潜在有毒气体，是否会扩散？ |
| 2 | 是否有火灾爆炸的危险？ |
| 3 | 事故区域的人员是否要撤离，安全距离是多少？ |
| 4 | 溢油是否会进入河流以及影响人们的供水系统？ |

通过初始的综合性风险评估明确现场风险类型（表 5.22），建立现场安全区域，并保持现场的实时监测，对应急人员的安全至关重要。其主要监测的内容包括爆炸性气体和有毒气体，同时要确保现场安全状况的稳定性（不会突发剧烈变化）。只有在确定现场作业状况已安全且稳定的情况下，才可以开展溢油应急作业。如有特殊的应急需要，需要相关的专业应急小组佩戴专业的应急设备才可以进入危险区域，对于溢油应急人员不可贸然前往。

表 5.22　溢油应急现场的主要风险

| 编号 | 主要风险内容 |
| --- | --- |
| 1 | 溢油本身的性质及应急行动中的其他化学品 |
| 2 | 溢油应急作业周边的工作环境 |
| 3 | 溢油应急作业期间产生的各种风险 |
| 4 | 溢油回收清理作业中使用设备产生的各种风险 |
| 5 | 外部因素所产生的风险 |

### （六）溢油应急处置过程中的安全问题及应对措施

在溢油应急响应过程中，溢油应急人员不可避免地要与溢油或其他相关化学品置于同一环境。如果想避免溢油和化学品对应急人员的健康和安全造成影响，就必须了解其性质，对其进行评估、监测，同时严格控制应急人员与危险源的接触。溢油应急响应中的主要危险特性包括易燃性、易爆性、毒性、硫化氢、窒息、溢油的滑性等。应急人员只有充分了解各种危险的特性,才能做好充分防护以应对可能产生的危险。

（1）易燃性

无论是原油还是成品油,当其暴露在空气中,接触点火源后都可能发生燃烧。尤其是在溢油初期,由于其中的轻组分会挥发,必须小心区域内任何潜在的火源,以减少火灾的风险。

在应急响应行动中,应急人员应该选择安全的设备,应急区域应禁止吸烟以及使用能够产生火花的工具。当着火危险持续存在时,应控制进入泄漏作业区域,特别注意轻组分产品的泄漏,如汽油或煤油。

（2）易爆性

当石油炼制品或挥发性原油泄漏时,在事故的最初阶段会释放碳氢化合物蒸汽。在盛行风的作用下,这些蒸汽云有可能飘移到人口稠密的地区或其他可能被点燃的地方。此外,蒸汽的泄漏可能对内燃机造成一种特殊的危险,如果蒸汽被吸入发动机,就会导致内燃机不受控制,因此内燃机不应在有爆炸危险的地方工作。

作为预防措施,需要设立安全禁区和空气监测站确定蒸汽含量,以监测其是否在爆炸极限内。如果发动机暴露在有蒸汽存在的环境中,应该安装进气口关闭装置来保护发动机。

（3）毒性

虽然油含有潜在的有害成分,但如果穿戴适当的个人防护装备,接触风险可以保持在较低水平。最严重的潜在风险存在于漏油的初始阶段,尤其是涉及挥发性原油、凝析油或轻质精炼产品时,有毒成分可以通过眼睛、皮肤、口腔和肺进入人体。溢油应急响应中主要关注的是芳香族化合物,尤其是苯和来自"酸性"原油和天然气的硫化氢（$H_2S$）。

如果可能有潜在的接触,在进行评估时,应使用自给式呼吸器提供初始防护。如果评估显示苯浓度超过规定的限度,应制定适当的呼吸保护计划。如果基于生产者或者船东的硫化氢信息不确切,应建立监测系统以确定硫化氢的水平,包括使用硫化氢警报,应向相关人员提供个人监测设备,并应限制他们的工作时间,以免超过职业接触限度,应穿戴好个人防护用品,如手套、靴子、防护服等。

（4）缺氧

烃类气体可以取代环境中的氧气（$O_2$），特别是当它们聚集在密闭空间或通风条件不佳的沟渠中时，会导致进入者窒息的危险。在进入任何密闭空间、沟渠或区域之前，应进行氧含量检测，否则通风不良可能导致烃类蒸汽积聚。除非使用独立的氧气源，否则仅当确认读数超过19.5%时才允许进入。这些区域应持续监测，并有适当的进入控制程序，应急队员的进入也应该有合适的工作体系。

（5）滑倒

在溢油作业中最常见的事故形式是滑倒、绊倒、跌倒。在溢油应急处置过程中，滑倒、绊倒和跌倒在油污表面是造成伤害的一些主要原因，需要提高对这些危险的认识。此外，应急作业人员也发现戴着油腻的手套很难操作设备，增加了完成任务的时间，造成额外的负担。

（6）溢油分散剂的使用

在处理分散剂化学品时，应穿戴手套、护目镜和防护服，并避免长时间与皮肤接触。因为许多物质是烃基的，会引起皮炎。在处理用于清洁的化学溶剂时也应采取类似的预防措施，因为这些化学物质可能含有更多的芳香成分，在进行喷洒时，应站在上风向。

**（七）应急工作环境安全**

### 1. 工作环境

溢油应急事故可以发生在几乎任何类型的环境和气象条件下。这对应急人员提出了许多挑战，并对可用的应急现场处置策略产生了重大影响。在制定应急目标时，要考虑天气和地形的因素对应急工作产生的影响。在任何工作环境中，必须始终把安全放在首位，并采取措施控制相关风险。工作环境的某些方面（如场地布置、安全、轮班）能够由应急人员自己控制，需要按照安全风险评估制定合理场地布置和安全策略，在长时间的应急下要能够合理安排轮班制度。

### 2. 天气

极端的温度、湿度和降水都对应急处置作业有巨大的影响。在高温的情况下,应急人员的体力和整体工作能力都会有所下降,特别是当面临危险以及环境变化较快的情况,会导致事故风险增加。在寒冷的情况下,也可能会导致诸如行动迟缓、体力下降等情况的发生,降低安全性。寒冷对精神的影响似乎主要是由注意力分散引起的。

由于极度炎热和潮湿造成的健康问题包括肌肉疲劳和昏厥,皮肤问题可能是由于过度出汗和盐分流失以及衣服的摩擦导致的轻微割伤和擦伤。皮肤也可能会出现痱子、晒伤和晒伤,出汗和湿度增加会导致皮肤感染。更严重的情况是,由于盐分流失引起头痛、疲劳、头晕、神志不清和虚脱。这些症状更容易发生在脱水和高血压患者身上,因此在选择应急人员时应充分考虑人员的身体情况。最严重的情况是中暑,当身体的应对机制不堪重负、核心体温迅速上升时,就会发生中暑,需要进行紧急应对。

由寒冷引起的健康问题主要是冻疮,指尖疼痛开裂,耳朵、鼻子和脸颊冻伤。这些情况都可以通过穿着防护服,配备合适的取暖装备解决,同时相关人员必须经过足够的培训以应对此情况。寒冷条件下最严重的情况是体温过低,即核心体温低于 35 ℃,需要进行紧急处理,确认人员的安全和健康。

在所有极端天气情况下,需要提供适当和充分的应对措施,包括但不限于以下几点。

① 提供即时的通信设备和准确的天气预报。

② 环境控制:在炎热的气候条件下,尽可能避免阳光暴晒,补充水分,在允许的情况下提供冷却工具;在寒冷条件下,需要提供加热装置和遮蔽挡风的装备或场所。

③ 采用结伴的工作方式:在极端气候条件下,结伴工作是非常有用的,这样每一对搭档中的一个成员都可以注意到另一个人过热或过冷情况下的早期表现,及时进行提醒;也可以通过专职的安全监测人员进行监督,安全监测人员需要具备相关的安全知识。

④ 制定合理的工作安排和保持足够的休息时间:通过合理的工作轮换和足够的休息,对人体在高温和低温情况下的工作有很大的帮助。

⑤ 专业的培训:在应急作业前,需要对全体应急人员进行安全培训,明确工作环境的各项风险,并在现场第一时间给出处置措施。

⑥ 专业防护用具(PPE):在高温调条件下,要配备合适的服装,衣服的重

量要轻,颜色尽量以浅色为主,材质要透气;要避免头部、耳朵、鼻子和脖颈部位的阳光直射,可以采用太阳镜保护眼睛。在特殊条件下穿着防护服可能会导致高温风险的增加,要注意调整工作时长,补充水分。在低温条件下,需要穿着合适的防寒服(棉工服),提高人体热量的保存;同时,要穿戴棉工鞋、棉手套、脖套等,尽量避免皮肤直接裸露于寒冷的空气中。

## 参考文献

[1] 王耀禄,臧泉龙,郭恩玥,等. 美国突发事件指挥系统(ICS)对石油化工行业现有应急响应机制优化的启示[J]. 中国石油和化工标准与质量,2019,39(20):3.

[2] 郭恩玥,龙飞汉,明学江,等. 溢油应急人员的安全分析与危害应对措施[J]. 现代职业安全,2022(10):3.